老化装置设备设施处理

Dealing with Aging Process Facilities and Infrastructure

〔美〕Center for Chemical Process Safety　编著
袁小军　宫业青　安佰芳　徐　琳　等译
鲁　毅　校审

中国石化出版社

内 容 提 要

本书为翻译图书，原书由 CCPS 编写。本书内容为一种基于风险的策略，对工艺设施、设备和基础设施在连续暴露于操作和气候条件下可能恶化的多种方式以及各类设备的功能和物理故障模式进行了描述，讨论了许多退化的警告信号以及如何处理不安全的设备，并重点阐述了工厂管理承诺和责任、工艺设备管理和基础设施全生命周期、生命周期管理的检查和维护实践、老化资产完整性管理实践以及冗余设备的退役、拆卸和拆除等内容。

本书可供工厂从事设备管理以及设备运行操作的人员参考，有助于工厂领导和主管就老化情况作出更明智的决定，并有效地将其传达给上级管理层。

著作权合同登记　图字：01-2021-2452 号

Dealing with Aging Process Facilities and Infrastructure
By Center for Chemical Process Safety(CCPS), ISBN:978-1-119-43083-4

图书在版编目(CIP)数据

老化装置设备设施处理 / 美国化工过程安全中心编著；袁小军等译. —北京：中国石化出版社，2023.5

书名原文：Dealing with Aging Process Facilities and Infrastructure

ISBN 978-7-5114-7057-7

Ⅰ. ①老… Ⅱ. ①美… ②袁… Ⅲ. ①老化-化工设备-设备管理 Ⅳ. ①TQ05

中国国家版本馆 CIP 数据核字(2023)第 070830 号

中国石化出版社出版发行

地址：北京市东城区安定门外大街 58 号
邮编：100011　电话：(010)57512500
发行部电话：(010)57512575
http://www.sinopec-press.com
E-mail:press@sinopec.com
北京科信印刷有限公司印刷
全国各地新华书店经销

*

710 毫米×1000 毫米 16 开本 11 印张 184 千字
2023 年 9 月第 1 版　2023 年 9 月第 1 次印刷
定价：69.00 元

我们真诚地希望，本书能为整个行业带来更令人印象深刻的安全记录。美国化学工程师协会及其顾问、CCPS 技术指导委员会和小组委员会成员及其雇主、管理者和董事，以及 AcuTech Consulting Group，Inc. 及其雇员不保证或明确或暗示表示本文档中提供的信息内容的正确性或准确性。在(1)美国化学工程师协会及其顾问、CCPS 技术指导委员会和小组委员会成员及其雇主，管理者和董事，以及 AcuTech Consulting Group，Inc. 及其雇员，与(2)本书用户之间，对本书不当使用或滥用所导致的任何法律责任均由本书用户承担。

译者的话

设备设施是工厂、企业生产运行的根基，其完好性对保障正常、稳定、安全的生产运行至关重要。随着时间的推移，设备设施经历长期的内部、外部环境影响，其某些性能会日益退化，甚至最终发生失效，这将影响设备设施的完好性，进而影响工厂、企业的生产运行。尤其对于危险化学品生产或使用企业，其生产过程涉及易燃易爆、有毒有害物质，且具有高温高压等特点，一旦设备设施的完好性受损、发生失效，将会导致装置停产，甚至发生火灾爆炸、人员伤亡及环境污染等一系列的严重事故。

在工厂、企业中，老旧的设备设施往往是故障/事故的高发地带。为了加强老旧设备设施的安全运行，建立长周期的技术保障措施和体系便成为生产企业实现安全、稳定、长周期运行所必须面对的问题。如何真实获得这些设备设施的实际现状？如何对其风险进行评估？如何对这些设备设施进行管理？采用哪种策略对其完好性进行恢复和优化？实施过程中是否会带来新的风险，如何识别这些风险并合理规避？这些问题，对工厂、企业的资产完整性管理和最终经营决策提出了挑战。

与过程安全管理中许多风险评估方法的理念和思路类似，对老化装置设备设施的处理，同样可以使用基于风险的决策方法，有针对性地制定管理策略，实现设备设施的全生命周期管理。*Dealing with Aging Process Facilities and Infrastructure*（CCPS，2018）可以为工厂、企业的老化设备设施完好性管理提供良好的知识分享和策略借鉴。

鉴于以上，北京风控工程技术股份有限公司在致力于基于风险的过程安全管理和资产完整性管理的技术咨询工作的同时，组织行业践行者袁小军、宫业青、安佰芳、徐琳、段亚茹、何梦圆、胡蝶、张阳、王森、雷宇航等对本书进行翻译和校对，鲁毅对全书进行了校审。希望通过本书，为工厂、企业的管理者们带来新的启发。

由于时间有限，文中的不妥之处在所难免，恳请读者批评指正。

目　　录

表格清单

插图清单

缩 略 语

AASHTO ——American Association of State Highway Transportation Officials，美国国家公路运输官员协会

ACI ——American Cement Institute，美国混凝土协会

ACPA ——American Concrete Pipe Association，美国混凝土管道协会

AD ——Airworthiness Directives，适航指令

AHA ——Asset Hazard Analysis，资产风险分析

AIChE ——American Institute of Chemical Engineers，美国化学工程师协会

AIM ——Asset Integrity Management，资产完整性管理

AISC ——American Institute of Steel Construction，美国钢结构设计协会

ALARP ——As Low as Reasonably Practicable，最低合理可行

ALCM ——Asset Lifecycle Management，资产生命周期管理

AMCA ——Air Movement and Control Association，空气流通与控制协会

ANSI ——American National Standards Institute，美国国家标准学会

API ——American Petroleum Institute，美国石油学会

ASCE ——American Society of Civil Engineers，美国土木工程师协会

ASHRAE ——American Society of Heating, Refrigerating, and Air - Conditioning Engineers，美国采暖、制冷与空调工程师学会

ASME ——American Society of Mechanical Engineers，美国机械工程师学会

ASNT ——American Society of Non-Destructive Testing，美国无损检测学会

ASTM ——American Society for Testing and Materials International，美国材料与试验协会

AWWA ——American Water Works Association，美国水行业协会

BCTC ——British Columbia Transmission Corporation，英属哥伦比亚省传输公司

C&I ——Control and Instrumentation，控制和仪表

CAPEX ——Capital Expenditure，资本支出

CCPS ——Center for Chemical Process Safety，化工过程安全中心

CERCLA ——Comprehensive Environmental Response, Compensation, and Liability Act，综合环境反应、赔偿和责任法

CM ——Corrective Maintenance，改善维修

CMMS ——Computerized Maintenance Management System，计算机化维护管理系统

CNC ——Computer Numeric Control，计算机数控

CP ——Cathodic Protection，阴极保护

CPI ——Chemical Process Industries，化学过程工业

CSB ——Chemical Safety Board，化学安全委员会

CSLC ——California State Lands Commission，加利福尼亚土地委员会

CUD ——Corrosion Under Deposits，垢下腐蚀

CUF ——Corrosion Under Fireproofing，防火层下腐蚀

CUI ——Corrosion Under Insulation，保温层下腐蚀

DOT ——Department of Transportation，运输部

DTBT ——Ductile Transition to Brittle Temperature，韧脆转化温度

EC&I ——Electrical，Control and Instrumentation，电气、控制和仪表

EHS ——Environmental Health and Safety，环境、健康和安全

EIT ——Engineer-in-Training，工程师培训

EPA ——Environmental Protection Agency，美国环境保护署

ER ——Emergency Repair，紧急修复

ESD ——Emergency Shutdown，紧急关断

EUAC ——Expected Uniform Annual Cost，预期的年费用

FAC ——Flow-Assisted Corrosion，流动加速腐蚀

FCC ——Fluid Catalytic Cracking，催化裂化

FEMA ——Federal Emergency Management Agency，联邦应急管理署

FFS ——Fitness for Service，适用性评价

FHWA ——Federal Highway Administration，联邦公路管理局

FIT ——Failure in Time，失效率

FMECA ——Failure Modes Effects and Consequence Analysis，失效模式和影响分析

FMEDA ——Failure Modes and Effects Diagnostic Analysis，失效模式、影响和诊断分析

FTA ——Fault Tree Analysis，故障树分析

HP ——Horse Power，马力

HSE ——Health and Safety Executive，健康与安全部

HTHA ——High-Temperature Hydrogen Attack，高温氢腐蚀

HVAC ——Heating，Ventilation and Air Conditioning，暖通和空调

I&M ——Inspection and Maintenance，检验和维护

IBC ——International Building Code，国际建筑规范

ICC ——International Code Council，国际规范委员会

IEEE ——Institute of Electrical and Electronics Engineers，电气与电子工程师协会

IMC ——International Mechanical Code，国际机械规范

IMPEP ——Integrated Materials Performance Evaluation Process，综合材料性能评价过程

IPL ——Independent Protection Layers，独立保护层

ISA ——Instrument Society of America，美国仪器学会

JSA ——Job Safety Analysis，职业安全分析

KPI ——Key Performance Indicators，关键绩效指标

LOPA ——Layer of Protection Analysis，保护层分析

LPG ——Liquefied Petroleum Gas，液化石油气

MARS ——Major Accident Reporting System，重大事故报告系统

MAWP ——Maximum Allowable Working Pressure，最大允许工作压力

MAWT ——Maximum Allowable Working Temperature，最大允许工作温度

MCC ——Motor Control Center，电机控制中心

MMS ——Maintenance Management System，维护管理系统

MOC ——Management of Change，变更管理

MOP ——Manuals of Practice，操作手册

MOTEMS ——Marine Oil Terminal Engineering & Maintenance Standards，海洋石油码头工程和维护标准

MTTF ——Minimum Time to Failure，最小失效时间

NACE ——National Association of Corrosion Engineers，美国腐蚀工程师协会

NASSCO ——National Association of Sewer Service Companies，美国污水处理公司协会

NDE ——Non-Destructive Examination，无损检测

NEC ——National Electric Code，美国国家电气规范

NECA ——National Electrical Contractors Association，美国电气承包商协会

NEETRAC ——National Electric and Energy Testing and Research Center，美国国家电力能源试验研究中心

NEIS ——National Electrical Installation Standard，美国国家电气安装标准

NETA ——InterNational Electrical Testing Association，国际电气测试协会

NFPA ——National Fire Protection Association，美国消防协会

NORM ——Naturally Occurring Radioactive Material，天然放射性物质

NRC ——Nuclear Regulatory Commission，美国核管理委员会

NTSB ——National Transportation Safety Board，美国国家运输安全委员会

OOS ——Out of Service，停止服务

OSBL ——Outside Battery Limits，界区外

OSHA ——Occupational Safety and Health Administration，美国职业安全和健康管理局

P&ID ——Piping and Instrumentation Diagram，管道仪表流程图

PCB ——Polychlorinated Biphenyls，多氯联苯

PCM ——Probability Centered Maintenance，以概率为中心的维修

PD ——Partial Discharges，局部放电

PFD ——Probability of Failure on Demand，需求时失效概率

PHA ——Process Hazard Analysis，过程危险分析

PM ——Preventive Maintenance，预防性维修

PS ——Process Safety，过程安全

PSB ——Persistent Slip Bands，持续滑移带

PSI ——Process Safety Information，过程安全信息

PSM ——Process Safety Management，过程安全管理

PT ——Process Technology，工艺技术

PVC ——Polyvinyl Chloride，聚氯乙烯

QA ——Quality Assurance，质量保证

RAGAGEP ——Recognized and Generally Accepted Good Engineering Practices，公认的良好工程实践

RBD ——Risk Based Decisions，基于风险的决策

RBI ——Risk Based Inspection，基于风险的检验

RBPS ——Risk Based Process Safety，基于风险的过程安全

RCA ——Root Cause Analysis，根原因分析

RCRA ——Resource Conservation and Recovery Act，资源保护和恢复法

ROV ——Remotely Operated Valves，遥控阀

ROW ——Right of Way，路权

RP ——Recommended Practice，推荐做法

SAIDI ——System Average Interruption Duration Index，系统平均中断时间指数

SAIFI ——System Average Interruption Frequency Index，系统平均中断频率指数

SB ——Service Bulletin，服务通报

SCC ——Stress Corrosion Cracking，应力腐蚀开裂

SDOT ——State Departments of Transportation，美国国家交通运输部

SIDD ——Standard Installations Direct Design，标准安装直接设计

SIF ——Safety Instrumented Functions，安全仪表功能

SIL ——Safety Integrity Level，安全完整性等级

SIS ——Safety Instruments Systems，安全仪表系统

SMART ——Specific Measurable Attainable Realistic Timely，具体的、可测量的、可实现的、现实的、及时的

SME ——Subject Matter Expert，学科专家

SSV ——Safety Shutoff Valve，安全关断阀

TENORM ——Technologically Enhanced Naturally Occurring Radioactive Material，技术增强型天然放射性物质

TIRP ——Targeted Infrastructure Replacement Programs，有针对性的基础设施更换计划

TM ——Thickness Measurements，厚度测量

UFC ——Unified Facilities Criteria，统一设施标准

UK ——United Kingdom，英国

UPS ——Uninterruptible Power Supply，不间断电源

USA ——United States of America，美国

USDA ——United States Department of Agriculture，美国农业部

VCS ——Vapor Control System，蒸气控制系统

WEF ——Water Environment Federation，国际水环境联合会

WFD ——Widespread Fatigue Damage，广布疲劳损伤

WO ——Work Order，工单

WWT ——Waste Water Treatment，污水处理

致　谢

美国化学工程师协会(AIChE)和化工过程安全中心(CCPS)对老化装置设施和基础设施小组委员会的所有成员表示赞赏和感谢，感谢他们在编写这本书时作出的慷慨努力。CCPS也同时感谢小组委员会成员各自的公司对他们参与这个项目的支持。

我们感谢 Brian Kelly 和 Terry White 的参与和写作贡献。特别感谢来自 ioMosaic 公司的技术作家团队，他们协调投入并编写了手稿。ioMosaic 团队由 Elena Prats、Peter Stickles 和 Kathy Anderson 组成。

CCPS 项目小组委员会成员

Eric Freiburger	美国普莱克斯公司小组委员会主席
Brian Kelly	CCPS 顾问
Laura Bellman	科思创公司
Larry Bowler	沙特基础工业公司
Bill Callaghan	诺瓦化学公司
Derin Adebekun	空气产品公司
Susan Lubell	Nexen 能源公司
Bennie Barnes	太平洋煤气电力公司
Jonas Duarte	科聚亚公司
Reyyan Koc	埃克森美孚化工
John Murphy	CCPS 荣誉会员
Jatin Shah	BakerRisk 公司
Ken Tague	阿彻丹尼尔斯米德兰公司
Sudhir Phakey	林德集团
Nancy Faulk	西门子能源公司

Tom Sandbrook	科慕公司
Robb Van Sickle	燧石山资源公司
Terry White	太平洋煤气电力公司
Bob Wasileski	前诺瓦化学公司

所有 CCPS 的书籍在出版前都经过了严格的行业内评审。CCPS 对以下评审员的周到意见和建议表示衷心感谢。

Robert Bartlett	Pareto 工程与管理咨询公司
Andrew Basler	马林克罗制药公司
Michael Broadribb	BakerRisk 公司
Mark Jackson	美国法特瑞互助保险公司
Morteza Jafari	ABS 集团
Pamela Nelson	苏威集团
Chad Patschke	Ethos 机械完整性解决方案公司
Perianan Radhakrishnan	新加坡石化公司
M.S. Rajendran	ABS 集团(新加坡)
Darrell Wadden	诺瓦化学公司
Dan Wilczynski	马拉松原油公司
Della Wong	加拿大自然资源公司

前　　言

过程安全行业通过专业和行业协会，给予了直接参与过程操作设备的资产完整性管理(AIM)更多的关注。本书的目的是解决那些通常不属于传统过程安全管理资产完整性计划的资产完整性管理问题，因为它们没有被列为高等级的安全关键性问题，并且有很长的生命周期。而且这类资产包括工艺支持基础设施，如管架和桥梁、设备支撑结构、下水道和排水管、铁路支线和工艺建筑等，这类资产的故障可能会导致过程安全事故，不应该被忽视。

老化的工艺设备、装置和基础设施在如今的工业中很常见。发达国家以越来越快的速度扩张，对现有的基础设施提出了高要求。很多时候，设备都会在远远超过设计条件的情况下运行，设备的使用寿命也可能被延长。退役和更换老化设备往往受制于现场工况或经济原因而无法实施，所以，时常会有让设备运行到失效的情况发生。

化工行业需要制定一套规则来更好地管理老旧设施。每个公司或运营机构都必须检查自己的商业惯例和目标，并确定符合自己风险标准的战略。

老化设备对管理工厂和相关基础设施的完整性提出了挑战。本书研究了高危行业中设备和基础设施老化的概念，特别是多种类型的设施老化的原因和影响。本书强调了一些处理该问题的可能方案，但没有提供规范性建议。书中引用了CCPS(美国化工过程安全中心)和其他机构的相关出版物，以使读者更好地了解其他人遇到的问题和一些已经应用的解决方案。处理老化的工艺设施和基础设施的挑战只是广义上的资产完整性管理计划的一个组成部分。本书中的相关内容是由一个化工行业团队开发和汇编的，以补充和扩展CCPS出版物《资产完整性管理指南》中关于老化设施和基础设施的讨论。

AIChE(美国化学工程师协会)40多年来一直密切关注化工及相关行业的过程安全和损失控制问题。AIChE通过与工艺设计者、建造者、操作者、安全专家和学术界成员的紧密联系，加强了沟通，促进了行业高安全标准的持续改进。

AIChE 的出版物和专题讨论会已经成为致力于过程安全和环境保护的相关人员获取信息的主要资源。

CCPS 的任务是开发和传播用于预防重大化学品事故的技术信息。该中心由 190 多个化学过程工业(CPI)赞助商支持，他们为其技术委员会提供必要的资金和专业指导。CCPS 活动的主要产品是一系列的指南和概念书，主要涉及了实施过程安全和风险管理系统的各种要素。本书是该系列的一部分。

1 引言

由于化学暴露、自然环境、服役条件、电磁场和重力等原因，所有物理系统和工艺设备都会发生持续变化。当系统发生变化时，它们的物理特性和性能特征也会随之发生改变。通常这种改变是一种劣化。当预设的设计属性与实际属性不匹配时，系统完整性可能会受到损害，并且更有可能出现故障。在过去的几十年中，在役工业装置设施的生命周期有所增加。目前许多装置设施的实际运行超出了其预期寿命，并且处于更恶劣或更严苛的条件下。因此，在比初始设计更严酷的操作条件、恶劣的极端天气以及故障、启动和停机次数增加的情况下，装置设施的老化可能更为普遍。

我们通常以时间增长来衡量设备老化的程度。事实上，从科学的角度来看，时间只是一种衡量变化的尺度。衡量时间的尺度既可以是年或几十年，也可能只是若干运行小时。某些类型的老化(如金属疲劳)是根据结构所承受的单位操作周期数来衡量的。我们经常将老化与恶劣联系起来。随着年龄的增长，我们的身体机能也会逐步退化，从而使我们无法像年轻时一样进行运动。物理结构和工艺设备也有随着使用年限增长而出现老化的趋势。在某些情况下，老化并不一定总是坏事；葡萄酒的口味通常会随着储存年限的增长而改善。从审美的角度来说，社会倾向于重视老旧的建筑以及古代遗址和文物。但是，对于工业设施而言，情况并非如此。

随着系统使用年限的增长，可能出现以下三种结果：

(1) 性能可能会改善；

(2) 没有变化；

(3) 性能可能会变差。

考虑到前两种结果对于流程工业及基础工业设施来说都不典型，因此本书并未涉及。第三种结果则代表了流程工业中设施长期、安全、平稳运行需要面对的一种典型风险。

1.1 概述

老化的设备对工厂和相关基础设施的完整性管理提出了挑战。举例来说，这里的工厂可能包括化工厂、炼油厂、发电厂(包括核电站)、钢铁厂、制造厂、管输终端和铁路等。首先，为了准确衡量设施在给定时间点的质量和可靠性，必须建立及采用严格的内部方法。其次，也是最重要的一点，老化过程和相关的恶化并不一定总是与时间成线性关系，这也导致了战略决策过程中的不确定性和困难性。

如上所述，物理系统和设备的老化过程与劣化的参数和条件有关。然而，设备老化程度不一定与生产年限或服役时间线性相关。老化也不一定等同于可见的磨损或撕裂。鉴于时间不是老化过程中的唯一影响因素，老化可以简单地被视为导致系统/设备完整性及可靠性降低的负面或非预期的变化。材料与其所在环境发生反应的方式有很多种。变化可能会影响材料的物理和化学性质，包括但不限于厚度、晶体结构、拉伸强度、导电性和延展性。与化工设施的运营和管理相关的每个人都面临着设施安全、可靠运行的挑战。为此，不仅需要在故障发生时进行及时干预以解决问题，还需要在设备的全生命周期中进行定期检验、系统测试及更换。

1.2 本书目的

本书讲述关于流程工业设施和基础设施的老化内容。它探讨了可能导致流程工业中设备老化的一些典型方式，并给出了一些可能发现这些老化的警示信号。本书的主要目的是为负责处理老化设备的一线人员提供有用的想法和建议。本书的范围不仅包括与工艺物料直接接触或暴露于操作条件的设备，而且还包括支持人员操作的基础设施。这些基础设施可能包括道路、建筑物、支撑结构(管廊和检修平台)、排水管道、电缆、管道、储罐、筒仓、装载设施、海上设施和废水/污水池等。电气设备和仪表如电缆管、电缆桥架、变压器和开关设备等也会受到物理老化的影响。

本书强调了流程工业日益受到关注的设备老化问题。旨在启发读者了解当前工业设施安全运行和管理面临的一些问题。虽然没有提供处理设备老化的规范性建议，但提出了一些可能作为资产管理计划的应用想法。CCPS 成员公司已经尝试和测试了其中的许多想法。最终，需要作出一些艰难的决定来确定更换哪些设备以及哪些设备可以继续安全运行。通过认识和理解老化，希望人们能够采取策略以安全和负责任的方式来协助设施运营。

图 1.1-1 和图 1.1-2 展示了一些老化设施的例子。虽然从外观上可以看出时间流逝对设备的影响，但情况并非总是如此。仅凭视觉外观不足以衡量资产的实际状况。

图 1.1-1 带料仓的老旧装置

图 1.1-2 用铆钉紧固的酿酒容器

1.3 老化的原因和后果

我们应该关注老化设备的哪些方面？老化可能是隐性的，并且增加了设备失效的可能，从而导致安全、环境事故或业务中断等后果。这些失效可能是物理上的或功能上的，不管是哪种类型，都可能造成灾难性后果。比如物理失效可能是由于高应力积累或性能下降而导致的材料破裂。功能失效是一种阻碍或干扰系统实现预期功能的失效。仪表和控制系统更容易因老化而出现功能失效。

物理失效通常是肉眼可见的，并且在重大后果发生之前可能会有警示信号。但有时仅通过人员观察的手段可能难以检测或测量设备的物理完整性，这些隐性的缺陷可能会导致未来的失效。同样，功能失效通常更不明显且可能更难以被检测。如果系统在失效后无法执行其所需要执行功能，则物理失效可能与功能失效同时发生。仅发生物理失效而并不同时发生功能失效的一个例子可能是金属表面的油漆剥落或劣化，而金属部件的物性和性能不会立即受到影响。

另外，纯粹的功能失效可能使设备无法在高负荷下运行。系统在需要发挥功能时不能正常工作，可能会损害操作的安全性和完整性。电气和仪器系统失效通常属于这一类，我们需要它们在各种情况下的高可用性。

物理失效可能发生在承压系统和设备中，无论它们是机械的、电气的还是磁力的。化学品(包括环境及工艺物料)接触也可能导致物理失效。例如，管道的应力腐蚀开裂(SCC)问题是由环境和机械物理失效引起的(与应力和时间相关)。

这些力中最简单的就是重力。重力会对所有设备施加向下的力，长时间受力会导致弯曲或下垂。如果涉及移动部件，轴对准可能会扭曲，从而导致磨损增加。

结构蠕变是一种与重力有关的现象，在长时间高荷载下运行时会发生轻微的尺寸变化。结构蠕变是不可逆的。金属的蠕变发生在较高温度下，并导致微小的初始晶界熔化或导致弱化的微孔洞。蠕变通常发生在锅炉和工艺加热炉炉管中(例如乙烯裂解炉)。有时蠕变伴随着表面或隐蔽的裂纹，这可能会导致机械故障。在正常环境温度下也可能发生蠕变，导致下沉。延伸的结构构件或大跨度管道会受正常重力以及操作荷载和天气(雪和冰)的影响。随着时间的推移，这些部件可能会因为这些应力作用而弯曲或下垂。可能需要仔细检查和分析来确认这些受影响部件的强度是否受损。

电力和电磁力存在于所有操作设备和结构中。电力和电磁力会改变钢的晶粒结构，导致局部薄弱点的出现，从而产生潜在的故障。

通常依据材料的拉伸强度以及其化学特性来选择物理材料。铁素体金属通常用于流程工业中的容器、管道和其他设备。金属必须具有足够的刚性和强度，以承受操作环境中的力。诸如导热性或导电性、硬度、耐蚀性等特性是材料选择的一些先决条件。工艺设备材料还可能包括玻璃、橡胶、陶瓷材料和其他金属(包括合金)。当工艺设备的重要特性减弱或受损时，这些设备可能不再适用目前的使用环境，并且更可能发生故障。与设备老化相关的故障将在后续章节中进行更详细的描述。

化学品接触是设备老化的另一个原因。所有设备都暴露在由化学物质构成的操作环境中。该环境可能包括空气、蒸汽、水、腐蚀性液体及其蒸气、反应性化学品、有机化合物和生物物质。各种形式的残留物都可能会在设备中积聚，如果在数年的时间内未正确清洁，可能会导致材料降解和堵塞。如果使用条件发生变化并且它已与母材融为一体，则这些残留物可能难以去除。

最常见的化学变化类别是腐蚀。当两种或多种不相容的材料相互接触时，化学变化是不可避免的。化学变化不仅会影响设备的外表面，而且可能会深入材料内部，从而影响所选材料的物理特性。由新旧不同的组件组成的混合系统，可能会导致系统不兼容。有些不兼容性可能导致混淆及人为错误，使用不合适的材料调整尺寸偏差、电化学腐蚀和电磁流（例如，在埋地管线和地上管线的连接处）。

这些机理大多可能与服役老化有关。服役老化是设备运行历史的产物，包括失效、故障和工艺异常以及这些运行条件如何影响设备的剩余寿命。尤其是当设备最初是根据过程危害分析确定的已知/预期损伤机理和失效模式设计，但在其运行周期内这些设计条件发生了变化，更容易导致设备性能退化和故障。

自然事件也会导致设备和结构老化。随着设备服役时间的延长，它有更高的概率暴露在设计中可能没有考虑到的“罕见”事件中。洪水可能使水和湿气进入设备内部结构并对其造成损害，或使容器支撑由于浮力而承受向上的应力。干旱可能导致地下水位变化及影响设备接地系统。自然沉降会导致地基下沉或变形，从而削弱支撑结构。极端大风可能会超过设计风荷载，或因风夹带的沙砾和灰尘而导致表面冲蚀。土壤滑动、膨胀和地震活动可能会产生长期累积效应。

缺乏文档管理和知识也是与老化设备相关的一个问题。旧设施的记录并不总是能达到当前安全标准规范要求的详细程度。整个生命周期中的服役条件或异常的书面历史记录通常不存在，拥有这些信息的员工可能已经离职或退休。旧设施通常有多个所有者，设备记录经常出现丢失或错放等现象。第三方租赁的设备设施也可能存在以下问题：未知的设计基础和建造材料、未知的历史、未知的过往服役情况、负债等。

1.4 老化是如何产生的

老化是关于变化的，它是由暴露条件和受力驱动的。老化可能涉及物理尺寸和外观的变化，也可能涉及特性的变化。即使这些条件是相对恒定的，也不能保证老化程度是线性发展的。褪色、开裂、油漆剥落和其他表面瑕疵等表观变化通常是只影响外观而不太可能造成失效风险。然而它们仍然是变化的表征，可以依据这些表观变化触发更深入的检查/检验以确定其实际老化程度。

老化通常随着系统或设施生命周期内服役时间的延长逐步发展。然而，从可靠性和完整性的角度来看，在连续或间歇性暴露于正常或异常操作条件下时物理和化学特性也可能发生劣化(发生老化)。事实上，即使暴露在稳定或静止的环境中也会导致某些系统发生劣化。这种劣化如果没有被及时发现和解决，会使系统更容易出现故障。研究老化的原因和程度是为了更好地了解老化过程，以便作出更明智的决定并避免灾难性事件。图 1.4-1 通过一个老化程度趋势图说明了老化是如何从轻微的外观缺陷发展到完全破坏的。

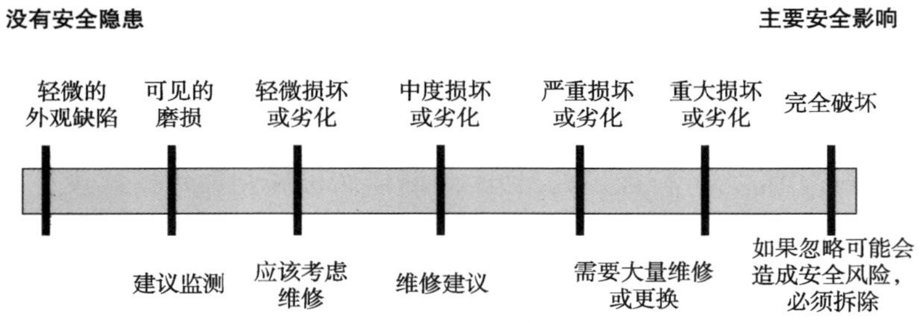

图 1.4-1　设施老化程度趋势图

1.4.1　金属腐蚀

金属腐蚀和表面劣化可能是我们都很熟悉的老化最明显的症状。大多数金属，包括合金，都会与它们所处的环境发生反应。发生这类老化的速度取决于暴露位置的基底金属特性、其他材料或污染物以及温度等条件。简单来说，必须有空气和水分存在才能导致锈蚀。如果表面污染物的 pH 值较低则腐蚀会加速发生。对于一些黑色金属/铁基金属来说，如果表面能够不受干扰地形成一层致密的腐蚀产物，反而可以变成防止进一步腐蚀发生的保护层。流体速度等操作参数会影响腐蚀产物的去除，从而将基底金属暴露在腐蚀环境中并进一步加剧腐蚀问题。一旦腐蚀开始，即使暴露得到控制也很难阻止它。通常需要将表面沉积物去除直到露出基底金属，但是基底金属厚度的降低会对材料造成伤害。除非应用油漆等表面保护措施并努力控制暴露，否则可能会发生进一步的恶化。值得一提的是，由于腐蚀性物料(例如酸)的意外而导致的偶发腐蚀也可能发生，并可能损坏基础设施的表面。制定适当的防溢出程序可以在一定程度上避免由于腐蚀性物质的释放导致的基础设施恶化。此外，有毒或自燃性的腐蚀产物可能被归类为危险废弃物，这些危废的处置可能需要满足相关法规要求。

金属腐蚀的影响不仅仅会造成材料厚度的减少。腐蚀也会改变金属的物理特性，比如延展性、硬度、孔隙率和电导率等。电触点的腐蚀或锈化表面可能形成绝缘体，并可能导致电源中断。电气装置和仪表盒可能包含成千上万类似可能老化/恶化的金属触点。这类老化/退化可能会在没有预警的情况下突然失效无法传导电流，需要定期打开和检查这些金属触点。

腐蚀的类型非常多，且其腐蚀机理差异巨大。想找到一种不易受到某类型腐蚀的金属或合金是很困难的。在设计阶段谨慎选择材料是解决问题的最佳机会。检查所有不同类型的腐蚀及其对金属性能的影响超出了本书的范围。然而，有一个事实值得注意。腐蚀很少发生在系统的一个局部点。当检验直接发现腐蚀或在工艺物流中发现腐蚀产物时，应尽可能彻底检查系统的所有部分，以确定问题的原因和程度。更好的方式是，在新系统生命周期的早期进行这些检验，并按计划持续开展检验活动。

对逆向的发现进行考虑也可能是有价值的，即是否前期判断存在潜在腐蚀但未按预期观察到腐蚀。重要的是继续调查为什么没有出现预期的腐蚀，比如可能由于是腐蚀或相关的腐蚀机理出现在了其他的位置导致检验不到腐蚀的发生。

1.4.2 沉积腐蚀

由于腐蚀，一些管道系统更容易出现加速老化。由于缺乏阴极保护和涂层老化，旧的地下管道可能会发生泄漏，导致烃类、废水和污水的泄漏。垢下腐蚀(CUD)发生在出现沉积物(如黏液、污泥和沉积物)堵塞的部分管道中，因为腐蚀性介质会在固体沉积物下方积聚并导致腐蚀加剧。这在石油天然气上游生产的流体收集系统管道中是一个需要特别关注的问题。

1.4.3 保温层下腐蚀与防火层下腐蚀

当设备温度低到足以形成凝结水时，就可能发生保温层下腐蚀(CUI)。其他外部防护层或涂料失效以及雨水的进入也会导致 CUI。CUI 是制冷设备和保温管道面对的典型老化问题，特别是在沿海地区，空气湿度及盐含量高，设备温度足够低到可以冷凝水分但又不会形成冻结。冷凝水会在保温层处积聚并使水分与金属持续接触，而大气中的氯化物或某些类型的保温材料会加剧这种腐蚀。由于氯化物侵蚀，CUI 可能会导致奥氏体不锈钢及双相不锈钢设备和管道产生应力腐蚀开裂。

保温层、涂料和耐火材料的劣化可能会导致水(如雨水、冷却水塔水雾、喷淋测试排放)的进入，进而导致保温层下腐蚀。CUI 是一种需要特别关注的老化机理，因为它很难通过常规检验手段检测到。在某些情况下，只有在发生较大的损坏后才能被检测到。

保温层下腐蚀不是仅在低温下才会发生的老化机理。热管道和设备有时会设置保温层，不仅是为了降低热损及能耗，而且是为了保护人员避免烫伤。CUI 产生的另一个原因与蒸汽伴热有关。当在保温层内使用蒸汽伴热时，需要采取额外的预防措施来减缓应力腐蚀开裂。蒸汽伴热系统会出现伴热泄漏，尤其是在保温层下方的管道配件处。图 1. 4-2 为由于蒸汽伴热泄漏导致管道外部腐蚀的图片。

图 1. 4-2　由于蒸汽伴热泄漏导致管道外部腐蚀(Sastry，2015)

蒸汽伴热管应设置双层捆扎，第一层隔离层直接设置在工艺管道上，然后是蒸汽伴热管，最后在外层设置保温材料。

防火层下腐蚀(CUF)是由耐火材料内积聚的水分引起的，这些耐火材料用于工艺设备的钢结构支撑，包括压力容器裙座、结构平台、管廊钢结构及球罐支撑腿等的火灾保护。随着时间的推移，耐火材料开裂或剥落会使湿气进入耐火材料内部。与 CUI 相像，CUF 可能更危险，因为它通常不进行检验。对耐火材料的检验很困难，并且其失效造成的后果可能更严重。

有关保温层下腐蚀和防火层下腐蚀机理的更多内容，请参阅 API 推荐做法 583：《绝缘和防火条件下的腐蚀》(*Corrosion Under Insulation and Fireproofing*)(API，2014)。

1. 4. 4　制造缺陷

制造缺陷是导致老化的另一个潜在因素。铸造缺陷可能隐藏多年，并可能突然发生故障并导致工艺设备(例如泵壳、阀体)出现机械失效。对于大型设备，这种缺陷变得越来越普遍。至少在一家大型发电厂发生过一起因此引起的重大事故。当时发电机组高速运转时，却突然解体，这揭示出大型传动轴中存在不规则的晶体夹杂物。这个缺陷多年来一直隐藏着，并且在初始调试期间通过反平衡掩盖了轻微的振动问题。在初始调试期间全面检测设备中的任何可疑属性或行为可能很重要，因为在投运后很可能没有第二次机会。

1.4.5 过度磨损

磨损是设备和基础设施老化的另一个重要因素。磨损是由于正常暴露于服役条件、异常条件和/或延长服役时间而自然且不可避免地发生的损坏。磨损并不一定是实际服役年限的函数，而更像是整个生命周期中各种暴露条件总和的函数。尽管在设计过程中为预测所有操作条件作出了努力，但经常会出现可能无法预料的异常情况(超出设计范围)。有时这些场景会被识别，而有时它们会被单纯地遗漏或忽视掉。这些异常情况会对老化产生显著影响。

对大多数机械设备来说，磨损是一种可预期的老化现象。当设备直接暴露于操作和环境条件时，它会发生变化。这种变化可能对材料特性有害，并可能导致其提前失效。机械设备的设计生命周期应考虑在正常和偶发异常情况下可能导致磨损的所有因素。类似系统的服役经验可以为进行此类评估提供宝贵的参考依据。

在某些情况下(比如材料不合格、组装不正确或暴露在非预期的操作条件下等)，会出现过度磨损。过度磨损应被视为异常的危险信号。除非充分了解导致这种劣化的机制，否则随时可能发生意外故障。仅当磨损与以往经验数据相符时，才可通过线性外推法计算剩余寿命。同样，当发现以前未出现过的或未在类似位置出现过的异常失效模式(即便只是非关键失效)，则也表明出现了某些问题。应通过增加监测频率和覆盖率，考虑采取早期更换来进行应对。而更好的应对方式则是分析操作并确定导致过度磨损的原因。

什么是过度磨损，如何识别过度磨损，没有适用于所有情况的简单答案。首先是根据对过程危害的审查来评估潜在的预期失效模式并将其作为过程设备设计的一部分，在此基础上可以建立对正常磨损的理解。这需要与类似系统或在类似操作环境下服役的设备进行比较。这对于特殊设备或原型设备来说可能是困难的。如果没有这样的参考点，就必须运用经验和判断。另一种实用的方法可能是不考虑类似设备的服役环境，而仅考虑将超过通常预期一定百分比的可见标记(蚀刻或划痕)、损伤或劣化作为判定其过度磨损的依据。最终，过度磨损的界定以及相关的响应动作将取决于操作风险和容忍故障的意愿。图 1.4-3 显示了主轴上的刻痕。

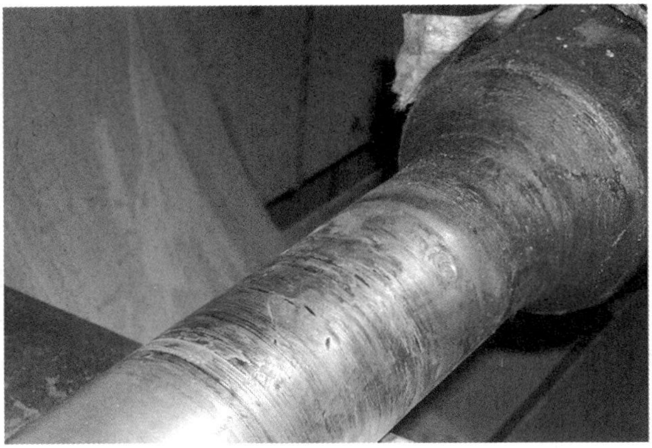

图 1.4-3　主轴上的刻痕

1.4.6　疲劳

疲劳是由结构构件或部件暴露于大量应力循环中导致的。除腐蚀外，循环应力可能是另一种导致老化的单一最大因素。由于负载、启动、压力波动、机械冲击、温度循环和阵风造成的循环应力对设备完整性的影响比持续高应力更显著。影响可能包括开裂和疲劳失效。

循环应力通常与在重复高负载条件下运行的机械和设备中的振动有关。疲劳本身不一定是问题，是某些特定操作系统中的预期行为。但是，如果不加以监控，可能会导致突然的疲劳失效。金属疲劳是一种具有典型特征的疲劳，其单个平面中的断裂模式类似于剪切。疲劳是商业航空公司让他们的飞机在飞满指定次数的航班后退役的主要原因之一。事件统计数据表明，短途飞行中更容易出现故障，因为这类飞行的起飞及着陆次数更加频繁。在流程工业设施中，循环应力可能是由开车、压力波动和异常工艺条件引起的。

1.4.7　非金属老化

材料的老化不仅仅包括腐蚀，并且其适用于许多不同的材料。橡胶和塑料可能会逐渐变干并失去其性能。表面裂纹可能会发展并延伸到材料的整个厚度。当橡胶需要反复弯曲或拉伸时，问题会进一步加剧。橡胶驱动皮带可能会变干。皮带打滑可能导致过热并最终造成故障。暴露在高压流体中或长时间暴露在紫外线下的软管可能会突然破裂和失效。甚至一些陶瓷材料也容易因为长时间接触其他物质而劣化。电线的绝缘层会变硬和开裂。服役若干年后绝缘材料故障是一种很常见的失效，并可能导致电气短路或接地故障。木材和其他非金属建筑材料可能会发生腐坏、化学性腐烂或再次受到昆虫的侵袭，从而破坏了其预期的特性。特别是木材在干燥时会发生翘曲和扭曲。

强化玻璃纤维管道通常用于冷却塔和消防水系统。它非常坚固耐用，特别是当它所受荷载平行于材料中纤维的方向时。然而，在固化过程中可能会出现内应力，导致树脂凝固几个月后变形和开裂。这对于复杂结构或汇管配置来说更容易发生。研究表明，玻璃纤维材料在使用1~2年后可能会损失60%的强度。定期检查强化玻璃纤维管道是否有裂缝和泄漏非常重要。当这类材料被用于高度危害服役环境中时，宜考虑采用合适的替代材料进行更换。

混凝土是工业基础设施中常见的另一种重要材料。尽管混凝土很少与化学品、电能或其他高能量源直接接触，但混凝土仍然会老化。结构性失效的后果可能是灾难性的。在假设混合正确的前提下，混凝土的独特之处在于它的抗压强度实际上在其初始固化周期中随着服役年限的增长而增加。在满荷载和可变荷载条件下，混凝土会剥落和被侵蚀。最终，它将从外表面和内部开始逐步老化。接触道路用盐和其他化学品会加速混凝土的老化过程。如果混凝土内部的钢筋暴露在腐蚀性环境中，它也会分解并导致失效。

除混凝土外的被动防火材料通常用于保护结构构件受到长时间池火造成的热辐射影响。水泥防火材料的使用寿命有限，并且在暴露于气候条件和机械冲击时可能会开裂。在火灾情况下，它可能无法承受来自消防栓或消防炮的水射流。应进行适当的安装、检查和维修工作，以避免结构防火材料过早老化。

窗配玻璃封条和接缝填隙等常见建筑材料也可能发生老化问题。一些窗配玻璃封条含有石棉，随着时间的推移封条会变干，石棉可能会形成气载尘埃。多氯联苯(PCBs)可能存在于填缝材料中，这些材料会渗入建筑材料(水泥和砖)中，这会使材料失效并导致昂贵的修复和处置工作。

1.4.8 物理结构老化

建筑物、办公室和避难所等物理结构老化是它们暴露于自然环境的直接结果。风速和风向、雪载、飓风、龙卷风、地震、温度变化和降水都可能导致结构构件移动或分离以及建筑材料劣化。地基可能发生移位或沉降，进而导致其上部建(构)筑物垮塌，门和墙壁可能会发生错位。地下水位的变化和土壤侵蚀会使这个问题更加复杂。屋顶材料的渗漏会导致渗水和发霉。最终，出于健康的考虑可能需要废弃这些设施。及时的检查和保养可以防止这种情况发生。当认为有必要对建筑进行修复时，应及时安排并完成。否则，持续的恶化将可能会导致无法进行修复或修复成本过高。

建筑物本身使用的陈旧建筑材料可能构成危险。墙壁中是否含有石棉或使用石棉板建造？如果是这样，则须考虑将其移除以避免人员暴露产生的健康危害。

有些时候，未经培训的工人疏忽地对石棉开展拆除工作带来的影响甚至可能比保留这些石棉造成的危害更大，应确保遵循安全规范开展正确的石棉拆除工作。

在电气方面，是否还有变压器或电容器仍含有多氯联苯？多氯联苯以前常被用作冷却剂和电介质，但其有高毒性且被归类为致癌物质。多氯联苯最终在电力行业被取缔，并采用了替代材料。然而，在美国仍然存在许多被多氯联苯污染的场所。另一种有害物质是铅基涂料。刮除和去除这些涂料会导致灰尘颗粒释放到空气中，对附近的工人构成危险，故需调查是否已将危害较小的涂料应用于所有工厂设备。

由道路、沟渠、电缆、能源管道、冷却塔、运行中的工厂、堆放场、废物池、铁路线、管廊、电缆桥架和海洋设施等构成了重要的工业基础设施。这些系统中的任何一个出现失效都可能导致巨大的经济损失及安全危害。令人担忧的是，与已有基础设施相比，用于新设施(额外以及附属设施)的资金更多。企业通常不将基础设施视为利润的直接贡献者。基础设施老化的常见原因是天气和地层移动。雨、雪、冰和风会对上述这些基础设施系统施加热应力和机械应力。是否有电线使用木杆支撑，它们是否被牢靠地固定？木材是否经过检查，是否有腐坏？道路和沟渠尤其容易受到侵蚀和洪水侵袭。破损的路面会导致车辆损坏，继续使用会使问题加剧。上述问题可能需要进行适当的修复以改善目前的服役条件。地下服役经常面临一些未知因素的影响。在许多地区，地下水位随着时间的推移而发生变化从而导致土壤移位。许多施工挖掘作业都会意外地发现埋地设备出现损坏或移位。

1.4.9 工艺化学品老化

化学品也会随着时间的推移而变质。浆液及化学品混合物在暴露于空气或暴露条件变化时会分解和降解。相变也是可能发生的，比如释放气体或液相出现分层。显然，当这些情况发生时化学性质也会发生变化。润滑剂、变压器油和导热介质是工业设施运行的典型辅助类化学物质，但其通常不与工艺物流或产品物流直接接触。因此，它们也是工业基础设施的重要组成部分。有时这些物质具有腐蚀性，或者它们可能会与某些金属直接反应。如果这些化学品被忽视或无视，它们可能会损坏存储或使用它们的设备。更重要的是，如果发生泼溅且没有对设备外表面进行正确清洁，可能会加速腐蚀。定期监控所有化学物质的品质很重要，无论它们是否主工艺流程的一部分。如果发现污染或质量变差，应清除并更换这些物质。如果含有化学固体或流体的设备需要长时间停止使用，应考虑使用惰性物质对其进行置换。生物危害最近被认为是对人员健康和安全的一种重大威胁(如木材的干腐病、霉菌，石棉材料等)。重复一遍，定期监控是非常重要的。

1.4.10 专用设备老化

泵、压缩机、汽轮机及其他专用机械设备通常由多个运动部件组成。在正常的生命周期过程中，许多部件都将被更换。密封件、叶轮、轴承、垫圈和耐磨板通常都属于这一类。即便如此，仍然存在一些重要的问题。即使有良好的设备运行记录，是否能保证整个单元已完成所需的物料置换和部件更换？是否存在任何未经检查的原始部件或组件可能在未来某个时候出现失效？泵壳或汽轮机转子是否会在运行几年后而发生失效？检查程序需要扩展到操作中不易接近的部分，以确保设备安全、可靠并持续满足在设计参数范围内运行。需要一个变更管理系统来管理这些变更并验证设备设计符合预期服役。

1.4.11 过时

过时是老化的一个主要问题和重要考虑因素。过时意味着系统、设施或设备不再满足当前要求或在技术上与周围环境不兼容。过时通常是技术进步和创新的结果。为什么评估过时也很重要？如果系统的两个或多个部分不能和谐运行，则更有可能发生事故。

过时也可能是因为无法获得备件或更换零件。例如，使用先进的电子控制代替气动控制，使用光纤代替低压电缆，以及使用带有图形显示的计算机控制台代替固定在面板上的仪表盘。随着技术的发展，设备厂家和供应商通常会推广最新产品并最终放弃其早期的设计。随着客户接受更新的技术，对“旧”设备和相关备件的需求减少。从简单的经济学理论来看，这将标志着这条“旧”产品线的终止。为了解决过时的问题，工业运营通常会用“新改进”的零件进行替换，或者可能会尝试自行制造替换零件。

另一个经常采用的策略是使用二手设备供应商的备件，或者从多余的设备中进行零部件的拆取。一些国家的国内航空公司有时会使用老化的飞机，并导致航空公司事故历史统计数据高于平均水平。挑战在于，这些部件的使用历史通常是未知的，即使进行系统检查，由于缺失应力循环次数的历史记录，金属疲劳等状况也存在未知或不可接受的风险。此外，仿造或利旧的零部件可能不符合现行规范，只会使问题更加复杂。允许这种做法存在，意味着公司可能有意或无意地接受高风险。

有一个很典型的案例，某公司事业部产品线的盈利能力下降。该部门所辖某工厂的污水处理(WWT)设施陈旧，制造商不再对该污水处理设施内的气动控制系统提供支持。集团公司完整性审查小组已经发现并上报了这些问题，但该控制系统的更换优先级较低。维护部门不得不求助于拆解旧设备和“复制”备件来维持设施运行。由于临时备件降低了控制系统的功能完整性，因此经常出现污水浓度超标。

但是，使用“新改进”的部件不一定总是解决过时问题的方法。这些部件通常旨在匹配可能具有不同性能特征的新设备。新部件还必须符合当前的行业标准，这些标准也可能与原始设备设计期间的标准有所不同。新改进的部件必须在许多关键领域兼容，包括尺寸、计量单位(英制或公制)、结构材料、接头和紧固件、功能性、软件和对环境条件的敏感性等。

有一些简单的概念需要在这里进一步强调。替换会引入一些不同的东西，这些差异等于变更。流程工业中的大量事故事件可追溯到变更和无效的“变更管理”系统。在结束本部分讨论时，希望大家可以反思一个简单的事实：“更新、更好的”并不总是更安全的！

1.4.12 冗余

“冗余”的概念有不同的含义。第一个含义是指与过时密切相关的术语。在这种情况下，冗余表明这台设备不再被需要。这通常与设备状况无关，而是与市场或业务需求有关。然后，此类设备或设施可能会退役或进入待机模式作为现有系统故障时的备用设施。在待机模式下，它基本上处于服役状态，通常可通过管道或电力配置到现有运行系统中。待机设备应能在短时间内恢复满负荷运行。退役模式的一个例子可能是被视为过剩设备的注册压力容器。过时的设备通常属于冗余范畴，但反过来不一定正确。

当设备不再满足运营的业务或服役要求时，设备就会成为冗余设备。设备冗余的常见原因包括尺寸或能力不足，以及无法满足当前的操作条件(温度和压力)。如果冗余设备在未来不能发挥作用，应以负责任的方式进行拆除和废弃。拆除冗余设备时的一项预防措施是需要消除在所剩隔离管道中产生的“死区”(盲端)。这种盲端由于物料不连续流动，很容易因冻结、振动和加速腐蚀而失效。

在许多司法管辖区，简单的废弃是不被接受的。废弃的设备可能会引来流浪者以及野生动物。它还可能滋生对工人和公众有害的生物危害。就地废弃设备也会带来一些潜在的负面影响，例如：(1)如果废弃设备出现结构失效，则可能对运行中的设备造成损坏。(2)废弃设备的外观对员工心理的影响。许多操作将冗余设备存储在堆放场中，以便在未来可能重复使用。如果再利用失败，冗余设备可能会通过废物回收商以废料的形式获取一些价值。

“冗余”一词的第二个含义是指机器或设备中的一个部件与另一部件具有相同的功能，从而提高可靠性，并且具有可用的备件或备用待机部件。在这种情况下，设备可能被认为是冗余的，但尚未过时。如果冗余设备可能用于第二种的备用目的或可能进入新的生命周期，则必须将其包含在资产/机械完整性管理计划中并应对其进行认真管理。长期闲置，它将暴露在不断变化的环境条件下，并可能进一步劣化。事实上，有时这种劣化可能比设备继续使用时更严重。这可能使其不适合将来的使用。冗余设备应进行清洁和适当密封，以防止未经授权的干预或进入。应考虑引入惰性气体吹扫或惰性介质密封。作为资产完整性计划的一部分，还应定期对设备进行检验、测试和维护，以判断劣化是否发生，并验证设备是否适合在需要时使用。

从未使用过的设备组件和辅助物品也容易老化。这包括备件、储存的设备以及仓库中存储的化学品和液体。用于压缩机和汽轮机的替换转子由于其较长较大，存储不当可能会发生变形。电子元件可能会因环境条件而劣化。润滑剂有保质期，会随着时间的推移而变质，从而影响其性能。

1.4.13 棕地施工

棕地施工的挑战就在我们身边。棕地施工涉及在当前或以前被工艺设施和设备占用的区域进行体力劳动。有时，这些施工工作是在现有设备正常投运情况下完成的。很少有在未经测试的地区建造的新运营设施。监管审批、成本和缺乏熟练的人力阻碍了绿地建设。“添加到现有运行设施”的诱惑已成为当前的行业趋势。虽然从风险整合的角度来看，这种策略有些可疑，但它有时有助于实现设施运营方式的一致性。但似乎这也是这种策略唯一的好处了。在旧设施上建造新设施可延长现有设施的预期寿命。除了间距准则的妥协外，棕地施工通常涉及与在役设施设备和现有公用辅助系统间的大量接入点。现有设备和基础设施是否满足支持重大投资项目的需求？火炬总管和排污管道的尺寸是否足以处理工艺异常(泄压)或泄漏？可以将新管道焊接到现有管道回路中吗？是否有足够的剩余金属壁厚以确保正确的熔透焊缝？电气系统和仪表是否与现有设施兼容？管廊和电缆桥架是否有足够的强度和容量？更重要的是，是否对所有可能需要在较长时间内改变了操作条件的设备进行了全面的状态评估？

在我们不断变化的社会中，老化的设备、设施和基础设施将永远是一个现实。我们都有责任参与进来并为使其安全可靠作出贡献。我们必须避免冲动只关注通常具有更理想功能的新建或新购设施。除非有令人信服的安全或经济驱动因素，否则可以且应该考虑如何合理延长老化设备和基础设施的生命周期。我们作为个人、公司、行业和监管机构应向政府或授权部门报告设备的任何问题或缺陷，以便及时提供维护和修复。

2 老化设备失效及其原因与后果

本章阐述了设备如何老化，如果不尽早处理，将会造成重大损失(如公众及工作人员安全、经济损失、监管影响、环境影响以及对公司声誉的损害和对客户的影响等)。

老化不是指工厂和设备有多旧，而是指它的状况、所处服役环境以及其如何随时间变化。工业资产老化问题对监管机构及整个行业来说日益重要，因为其成功管理对工艺装置的整体安全性能至关重要(IChemE，2013)。

2.1 老化设备失效及机制

失效分为物理失效和功能失效两大类。物理失效(机械失效)往往与破损有关，是内部或外部作用力的结果。物理作用力、超压和温度过高或过低可能导致位移或设备应力。产生的应力可能超过材料的承载能力，使其更易失效。最终，有一方要作出让步。振动、压力/真空运行或间歇操作(如炼油厂焦炭桶)产生的循环应力会导致设备疲劳开裂，最终穿透金属的壁厚。金属疲劳经常导致突发的机械失效。物理失效通常与设备位移或变形有关，如弯曲或拉伸。有时材料会分离或断裂。这种类型的失效可能有一个轻微的优势，即可以根据设备的物理征兆预测失效并预防失效。

功能失效与物理失效相比更不明显，通常更难预测。功能失效是指在需求时无法执行服务或功能。电力中断、泄漏(如管道泄漏、螺栓连接泄漏、电击穿)、计算机病毒感染以及仪器失效都属于功能失效。同样，这些可能会毫无征兆地突然出现。未遂事件和长期问题可能是系统失效的预警，可以作为前置和后置指标(CCPS，2009)。功能失效也可能是尺寸问题和性能变化导致的。如转动部件磨损时，发动机将不能平稳运行，最终将出现失效。

就潜在后果而言，哪类失效更重大？其实是没有唯一的答案。在宏观层面上，这两类失效都可能带来灾难性的后果。由于结构件失效而导致的结构坠落或倒塌可能导致严重的伤亡，化工厂的管道或容器失效会释放有害物质和能量，同样也会带来悲惨的后果，包括存储能量释放后可能发生火灾或爆炸。资产完整性计划的作用是将这些能量储存在其所属的地方。在功能方面，我们高度依赖电力等系统的持续可用性。其意外失效可能危及或中断关键动作，再次造成严重的物理破坏或业务中断。一个典型的例子是，安全关键系统的失效会造成一个不太严重的问题在高危险设施中变成灾难性的。物理或机械失效可能是大多数人关注的失效模式。任何材料当超过弹性极限时，这种材料就有可能失效。机械失效是伴随着能量交换的。在大型系统和设备中，失效期间释放的能量水平可能会产生灾难性的后果。

导致机械失效的不仅仅是外部作用力。自然重力作用于所有的结构和机械系统。弯矩由每个机械部件的自重施加。即使一个机器或结构闲置了几十年，细长部件也可能由于重力而变形。长轴旋转设备就是这种情况，已知驱动轴在自身重量下下垂。为了解决这一问题，许多运营部门都要确保所有设备定期使用，并作为资产完整性计划的一部分进行检验、测试和维护。长期陈列的老爷车如果没有进行大量的维修和改装，很少有能够驾驶的。

2.2 老化设备事故的后果

为帮助告知并优先处理老化工厂问题，美国健康与安全部(HSE)对英国和欧洲范围内的各种事故和事件数据进行了广泛的分析和审查，以评估1980—2006年，老化机制在何种程度上导致了陆上化工厂的事故和损失。该研究访问的数据库之一是欧盟委员会联合研究中心运营的欧盟重大事故报告系统(MARS)。从这些数据中提取的死亡、受伤和损失统计数据见表2.2-1和表2.2-2。

对事故数据的分析显示，每起由老化设备造成的工厂事故平均有1.6人死亡、6.1人受伤。此外，每起设备老化事故的直接经济损失平均为180万欧元(不包括生态和社区影响)。鉴于上述人力和财务方面的损失，说明还有很大的改进空间。

这项研究还根据技术完整性，电气、控制和仪表(EC&I)，人为因素及程序类问题，深入分析了失效事件的原因，如图2.2-1所示。技术完整性类别的细分如图2.2-2所示(HSE，2010)。物理失效以腐蚀/冲蚀机理为主．其次是与EC&I相关的失效。仅使用表2.2-2中老化的数据，本体完整性老化和EC&I老化之间的细分分别为59%和22%。虽然从表2.2-1中无法得到本体完整性的因果细分，但可以预计与总体数据集类似的模式。

表 2.2-1　MARS 可报告的重大事故危害事件的伤亡统计

类别	总数	死亡人数			受伤人数		
	事故数/起	事故/起	死亡总数/人	单起事故平均死亡人数/人	事故/起	受伤总数/人	单起事故平均受伤人数/人
所有事件	348	57	124	2.2	140	4210[1]	30
(不包括[1])					139	1959	14.1
所有的完整性	149	11	35	3.2	51	768	15.1
完整性老化[2]	57	3	4	1.3	21	125	6
C&I 老化[3]	21	2	4	2	4	32	8
其他老化[4]	23	2	3	1.5	7	47	6.7
所有老化[5]	96	7	11	1.6	30	183	6.1

注：1. 一起事故造成 2242 人受伤。
2. 由于腐蚀、冲蚀、应力腐蚀开裂、疲劳、腐蚀疲劳、振动和磨损导致的老化。
3. 控制和仪表(C&I)是老化的一个因素。
4. 其他源头的老化(防护、设施结构等)。
5. 所有老化源头(该总数比上述三个类别的总和少五个，因为其中五个事件由于根据注释 2、注释 4 分为两个或两个以上老化类别被“重复计算”)。

表 2.2-2　MARS 可报告的重大事故危害事件的总损失

类别	总损失/百万欧元	发生损失的事件/件	单个事件平均损失/百万欧元	全部事件/件	平均损失/百万欧元
所有事件	794.7	107	7.4	348	2.3
所有完整性	329.1	42	7.8	149	2.2
完整性老化	149.7	18	8.3	57	2.6
C&I 老化	17.8	7	2.5	21	0.8
其他老化	3.6	4	0.9	23	0.2
所有老化	171.0	28	6.1	96	1.8

资料来源：欧盟委员会联合研究中心运营的欧盟重大事故报告系统(MARS)。

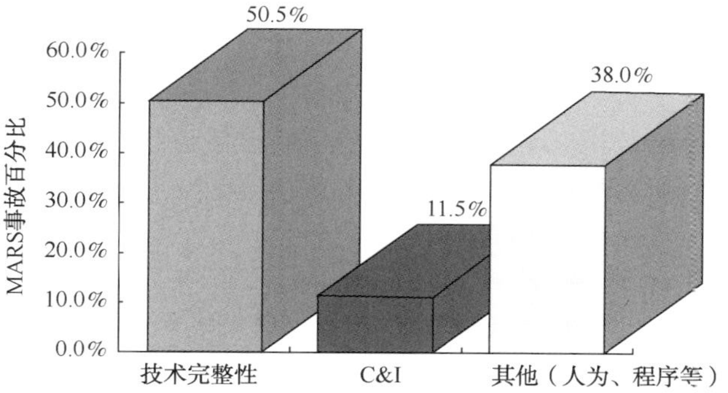

图 2.2-1　MARS 事件的高级分类

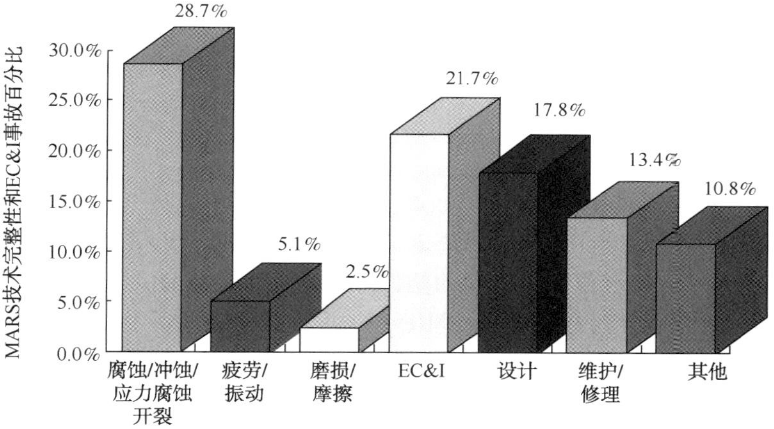

图 2.2-2　MARS 数据中技术完整性事件的原因占比

2.3　金属的机械失效

2.3.1　材料变形

如图 2.3-1 所示为机械变形中应力应变关系。当应力作用于固体延展性材料时，物体通常以线性方式变形(应变)到某一点，在该区域，应变被称为弹性变形。弹性模量或杨氏模量是弹性变形应力应变线的斜率。在线性变形过程中，当应力消除时，物体将恢复到原来的形状。当应力超过某一点时，应变转变到变形状态更持久的区域，称为塑性变形。在弹性和塑性变形之间过渡点的应力水平定义了材料的屈服强度。在塑性变形区域，由于材料中能量的积累，也会发生应变硬化。在应变硬化过程中，材料通过原子位错运动变得更坚固，变形不再随应力的增加而成线性关系。塑性变形是不可逆的，物体不会恢复到原来的形状。最终，应力达到最大值，这也就定义了极限强度。达到极限强度后，材料开始颈缩(横截面积减少)并最终失效。

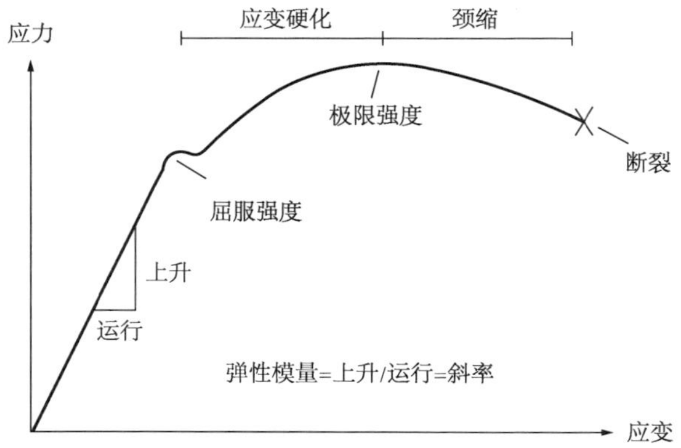

图 2.3-1　不同变形阶段的典型应力应变图

资料来源：https://en.wikipedia.org/wiki/Deformation。

2.3.2　韧性断裂与脆性断裂

当对工程材料和部件施加越来越大的力时，断裂微观机制触发，设备和结构就会失效。根据这些过程中所涉及的塑性变形量，断裂事件可分为韧性断裂、准脆性断裂或脆性断裂。(Pokluda，2010)。

韧性断裂：大多数不太冷的金属在裂纹形成前经过大量的塑性变形后会出现韧性断裂。裂纹被认为是“稳定的”，并且在应力不增加的情况下能够抵抗进一步的扩展。

脆性断裂：陶瓷和冷金属易发生脆性断裂，断裂前的塑性变形相对较小。裂纹是“不稳定的”，并且在不增加外加应力的情况下会迅速扩展。裂纹通常通过原子键沿特定晶体平面(解理面)的解理断裂而扩展。

随着温度的降低，韧性材料可能会变脆。发生这种情况的温度点是韧脆转化温度(DTBT)。对于金属而言，成分对 DTBT 有影响，合金化通常会增加韧性到脆性的转变。金属硬度也有类似的效果。因此，脆性断裂可以发生在比低碳钢的相关温度更高的温度下。

准脆性断裂：许多准脆性断裂是由预先存在的腐蚀韧窝、大量夹杂或疲劳裂纹造成的。然而，在不含任何初始缺陷的固体中，在有利位置的局部塑性变形也能产生微裂纹，作为准脆性断裂的成核剂。在相界或晶界处，可以通过许多不同且众所周知的微观机制来实现，这些机制受位错堆积前高应力集中的影响。(Pokluda，2010)。

2.3.3 金属疲劳

另一种变形机制是金属疲劳，主要发生在韧性金属中。人们最初认为，一种材料只在弹性范围内变形，一旦移除外力，它就会完全恢复到原来的状态。然而，每次变形都会在分子层级上引入断层。在多次变形后，会开始出现裂纹，随后很快出现断裂，其间没有明显的塑性变形。取决于材料、形状以及变形时接近弹性极限的程度，失效可能需要数千、数百万、数十亿甚至数万亿次的变形。金属疲劳是在其机理尚未被充分理解前，飞机失效的主要原因至今仍然是航空业密切关注的一个现象。

在材料科学中，疲劳是由于反复施加荷载而导致材料弱化。当材料受到循环荷载时，会发生渐进的局部结构损伤。造成此类损伤显示的最大应力值可能远低于材料的强度，通常称为屈服应力极限或极限拉伸应力极限。当材料反复加载和卸载时就会产生疲劳。如果荷载超过一定的阈值，微裂纹将开始在应力集中处形成，如表面、持续滑移带(PSBs)和晶粒界面。最终当裂纹达到临界尺寸，会突然扩展，结构也将断裂。金属疲劳也是累积的。因此，通过无损检测(如磁粉检测)设备只能证明尚未出现微裂纹。它无法提供设备在出现裂缝之前能够承受多少次以上的循环荷载。

当检测到微裂纹时，金属疲劳会呈现出一个特殊的问题。由于金属疲劳失效与构件最终承受的应力荷载循环次数密切相关，除非有记录的循环荷载历史，否则剩余使用寿命很难预测。可以安装传感器来记录一段时间内的负载循环。在流程工业中，经常使用振动传感器和分析来获取大型旋转设备的应力应变记录。

暴露在周期性应力或振动下的设备，随着时间的推移会产生重复的弹性变形，可能会受到金属疲劳的影响，这也可能导致设备或结构与实际使用年限无关的提前老化。

2.3.4 腐蚀/侵蚀

腐蚀并不代表单一现象，而是一个广义术语，涵盖金属与环境中存在的各种元素之间的化学或电化学反应对金属的破坏性损伤。例如，当铁与空气/水中的氧气反应时，或当铁与更贵重的金属(如锡)接触时，或当铁暴露于某些细菌时，铁会转化成各种氧化物或氢氧化物(EC JRC，2013)。国际标准更明确地将腐蚀定义为“金属与其环境之间的物理化学相互作用，导致金属性质变化，并且通常可能导致金属、环境或其所构成的技术系统的功能受损(ISO 8044，1999)。侵蚀可定义为流体以高于正常速度通过容器或管道系统时产生的剪切力所驱动的加速腐蚀形式。流体运动去除腐蚀产物，使金属裸露并受到进一步的腐蚀。

腐蚀机理多种多样，其中一些较为常见的形式在表 2.3-1 中进行了简要总结。

表 2.3-1　腐蚀机理示例

腐蚀机理	类　型	类型和条件
全面腐蚀	最常见的腐蚀类型，由化学或电化学反应导致整个金属暴露表面的腐蚀	全面腐蚀是造成金属损坏的最大原因，但由于其通常可预测、可管理且通常可预防，因此被认为是一种更安全的腐蚀形式
局部腐蚀	局部腐蚀是针对金属结构的某一特殊区域	局部腐蚀分为三种类型： (1) 点腐蚀：当金属中形成小孔或洞时，通常由于小面积去钝化而导致点腐蚀。该小区域的损坏会穿透金属，并可能导致设备失效。因为它通常相对较小，并且可能被腐蚀物覆盖和隐藏，这种形式的腐蚀通常很难检测到。 (2) 缝隙腐蚀：与点腐蚀类似，缝隙腐蚀发生在特定位置。这种类型的腐蚀通常与停滞的微环境有关，如垫片、垫圈和夹具下。酸性条件或缝隙中的贫氧可能导致缝隙腐蚀。 (3) 丝状腐蚀：当流体破坏涂层时，在涂漆或电镀表面下发生丝状腐蚀。丝状腐蚀开始于涂层中的小缺陷，并扩散导致结构薄弱
电偶腐蚀	当两种不同的金属一起位于腐蚀性电解液中时，会发生电偶腐蚀或异种金属腐蚀	发生电偶腐蚀必须存在三种条件： (1) 必须存在电位不同的金属； (2) 金属必须经导线连接或直接接触； (3) 金属必须暴露在电解液中
环境开裂	环境开裂是一种腐蚀过程，是环境综合条件影响金属的结果	化学品、温度和应力相关条件会导致以下类型的环境腐蚀： (1) 应力腐蚀开裂(SCC)：静态拉伸应力和腐蚀的共同作用，形成裂纹并最终导致部件灾难性失效。特别是特定环境影响比较大的金属材料。 (2) 腐蚀疲劳：循环应力和腐蚀环境的共同作用使部件寿命低于疲劳单独作用的预期寿命。 (3) 氢致开裂：因为氢原子非常小，氢离子更小，它们可以穿透大多数金属。氢通过各种机制使金属变脆，特别是在高硬度区域，尤其是在存在拉伸应力的情况下，导致鼓包或开裂
流动加速腐蚀	流动加速腐蚀(FAC)，当金属表面上的氧化物保护层在流体流动的作用下溶解或去除时产生，有时伴随着流体中颗粒的冲刷，使底层金属暴露，进一步腐蚀和恶化	加剧流动加速腐蚀的一些因素包括： (1) 伴随着侵蚀； (2) 撞击； (3) 气蚀

续表

腐蚀机理	类　型	类型和条件
微动腐蚀	微动腐蚀是在不平整、粗糙的表面上反复磨损、负重和/或振动的结果。腐蚀导致表面产生凹坑和沟槽	微动腐蚀通常发生在旋转和冲击机械、螺栓组件和轴承，以及运输过程中暴露在振动中的表面
晶间腐蚀	晶间腐蚀是对金属晶界的化学或电化学腐蚀	通常是由金属中的杂质造成。这些杂质往往在晶界附近以较高的含量存在。这些边界比大部分金属更容易受到腐蚀

资料来源：Beginners Guide to Corrosion，Nimmo，William，et.al.，NPL，February 2003，Types of Corrosion & Their Effects on Metal，Bell，Terence。

本书的目的不是提供关于腐蚀/侵蚀的深入论述，而是为书中其他地方的讨论提供广泛的背景。API RP 571《影响炼油工业固定设备的损坏机理》(*Damage Mechanisms Affecting Fixed Equipment in the Refining Industry*)(API 2011)描述了不同类型的损伤机理、受影响的材料、影响损伤速率的因素、损伤的外观或形态、每个机理的预防和缓解方法，以及对每个损伤机理的检验和监测建议。

金属的腐蚀要么是由于特定物质的作用，要么是由于特定物质和机械应力的共同作用。根据环境条件的不同，腐蚀可以以各种形式发生，如应力腐蚀、全面腐蚀、点蚀、脆断和开裂。发生在特定部件中的特定类型的腐蚀往往很难分类。几种形式的腐蚀(例如，电偶腐蚀、点蚀、氢脆、硫化物应力腐蚀开裂)特征是金属构件所承受的机械力类型(EC JRC，2013)。导致炼油厂腐蚀速率升高的典型因素如表2.3-2所示。

表2.3-2　导致炼油厂腐蚀速率升高的典型因素

炼油厂因素	例　子
原料中的腐蚀性物质或生产过程中添加或产生的腐蚀性物质	氯化氢、氢氟酸、胺、硫酸、连多硫酸和其他含硫化合物、含氧化合物、含氮化合物、微量金属、盐、二氧化碳和环烷酸
涉及极端温度或极端速度的炼油过程	蒸馏、脱硫、催化重整、流化催化裂化、加氢裂化、烷基化
当地条件	设备使用年限、产量和生产率、大气条件(如气候)、计划或非计划停车
风险管理措施	检验频率、风险评估和排序做法、设备库存管理、维护和维修程序、审核和实施反馈、安全绩效指标的使用

资料来源：EC EUR 26331 EN-联合研究中心报告，炼油厂腐蚀相关事故。

虽然有些因素是特定存在于炼油过程中的，但大多数因素广泛适用于使用金属设备和结构的大多数工业活动。显而易见的是，要认识到腐蚀危害的严重程度，人们需要了解腐蚀环境的具体情况及其对设备和结构的施工材料的影响。例如，需要了解什么条件会导致应力腐蚀开裂，然后才能在给定工艺容器中识别SCC的可能性并启动监测程序。

另一个例子来自化学安全委员会(CSB)对氨、炼油厂和化工厂的调查，发现含氢管道、换热器和压力容器在高温下出现失效。这种机理被称为高温氢腐蚀(HTHA)。这与在低温下降低韧性的氢脆不同。HTHA会导致在较高的操作温度下材料性能的退化，并可能导致突然和灾难性的脆性失效。

容器和管道系统保温层下的外部腐蚀尤其值得关注，因为警示信号不容易被外部目视检查所发现。一旦开始基于施工材料、工艺和系统操作条件和环境对导致保温层下腐蚀的条件进行评估，检查员就可以关注视觉指示和保温层下腐蚀警示信号并提出建议进行更深入的检验以确定其严重程度。这包括确定状态监测位置(CML)应位于何处，以检查根据工艺危害预计会发生损坏的区域。

随着设备的老化，在缺乏强大的管理系统来监测和应对腐蚀退化的情况下，设备变得更容易受到腐蚀导致的失效的影响。在设备使用寿命的早期，需要收集金属厚度基线数据，以便在可识别的金属损失开始之前就能开展腐蚀趋势分析。

2.3.5 警示信号

当设备的物理尺寸由于退化(磨损)或腐蚀而减少时，其极限强度也会降低，使系统在正常运行条件下更容易发生物理失效。腐蚀的电触点可能会阻碍电流流动，导致电弧(潜在的点火源)和功能失效。离心泵叶轮或外壳的腐蚀/侵蚀可能导致流量和出口压力降低。随着设备的老化，慢性故障的发生频率可能会增加。混凝土内钢筋的腐蚀会导致混凝土爆裂。这些都是尚未发生更严重失效的警示信号。

与金属失效机理相关的一些常见机械失效表明存在以下问题，包括：

- 轴承或轴失效；
- 汽缸阀失效或活塞环断裂；
- 旋转元件碎裂、断裂或变形；
- 压缩机或发动机汽缸壁划伤；
- 套管变形；
- 齿轮或联轴器断裂；
- 活动部件卡死。

在20世纪50年代之前，电线是用硬橡胶或不导电的布包层绝缘的。商业建筑(包括化工厂和仓库)内的电线采用旋钮和管子系统，将热导线与木材等可燃材料分开。这项技术早就过时了，现在规范要求使用导管或聚氯乙烯(PVC)绝缘电缆。这些材料对热和湿度不太敏感。

旧建筑内的老式电线容易短路，可能导致电力故障或火灾。随着旧的绝缘材料老化，它们往往会干燥或开裂，并可能失去绝缘性能。显而易见的解决方案似乎是对系统进行改造或更换。然而，这可能会带来额外的问题，如墙壁内的霉菌或石棉的暴露，必须考虑采用全面和综合的方法来改造建筑内电气系统。必须考虑周全，避免出现意外。

当失效不可避免地发生时，未能及时注意到警示信号，可能会导致不幸的结果。加拿大东部一家中型炼油厂的所有权发生了一些变化。当炼油厂投入使用约20年后，人们终于认识到石脑油加氢处理装置中的燃烧炉炉管严重腐蚀，需要更换。加热盘管在600psig(1psig=6.895kPa)的压力下运行，盘管出口温度约为625℉。由于预期有一次停机并有机会重新安装炉管，承包商的一名工作人员在机组仍在运行的情况下开始对燃烧炉进行机械准备。一名操作员对装置中的异常情况作出反应，开始从燃烧炉侧面的走道上调整燃烧器。与此同时，维修准备工作仍在继续。炉膛中的管线突然破裂，一个大火球吞没了加热器，导致操作员和附近的维修承包商死亡。被严重腐蚀的管道已达到其生命周期的终点，无法承受在工艺波动期间发生的直接火焰冲击。这仅仅是运气不好、过度自信还是未能及时处理已识别的缺陷？后者似乎是失败的原因之一。说到老旧设备的完整性，赌博是不值得的。除非确定设备状况，否则应关闭设备并更换老化部件。

2.3.6 老化设备失效案例研究

图2.3-2是金属疲劳老化失效的案例。它展示了一个涡轮机的转子被分裂成两半的情形。本案例涉及德国的一家发电厂，该发电厂的一台处于开车模式的大型发电机发生了灾难性的机械解体。

图2.3-2 电机转子的灾难性失效

这起事故中电机损毁，碎片散落在大片地区。一大块转子轴被甩出了 1000m 的距离。操作人员被高强度的振动警告，幸运地找到了避难所。如果不是在公共假日的清晨，周围社区可能会有人员伤亡。所含的能量“爆炸”源于主转子的中心轴，导致轴完全解体。这台发电机只使用了 16 年并记录了 58000h 的运行时间。在此期间，它进行了 110 次冷启动和 728 次热启动。据透露，转子是为这项特殊服务生产的最大单一铸件。换句话说，这是一个独一无二的设计。对断裂轴的检查显示，晶粒结构中有晶体夹杂物的迹象，这削弱了材料的强度。这种情况发生在制造过程中，在整个生命周期中并没有被检测到。16 年前的首次调试遇到了振动问题，但未被完全解决，仅对轴进行了反向平衡。进一步的证据表明，在启动过程中，振动问题早已存在。老化过程受设备操作方式以及原始工艺设计的影响，包括工艺波动的影响。

图 2.3-3 描绘了另一个案例，该案例反映了几十年前修建的铁轨侧面的老化情况，该条铁路线为附近的化工厂提供了运输通道。

图 2.3-3　腐烂的铁路枕木支撑力减弱

由于当时许多工厂关闭，只剩下两个小工厂。因此，该线路的使用率有所下降，仅偶尔使用。许多铁路枕木断裂，铁轨似乎严重生锈。气象记录证实，该地区在过去六年中多次遭受严重洪灾。近期似乎有新砾石倾倒到线路上，以填充枕木之间的空隙。上述状况应该会引发一些严重的问题。当前线路是否适合使用？砾石仅仅掩盖了与地面侵蚀和下沉相关的更深层次的问题吗？该线路是否可以安全使用？如果可以，是否有负载和速度限制？

最后是一个与老化电缆相关的案例。在 20 世纪上半叶，许多工业和商业建筑都采用 RH-BX 电缆。该电缆的预期寿命为 30~40 年，由铠装金属导管和电线组成。内部电线用橡胶涂层绝缘，随着时间的推移，橡胶涂层会变干并脱落。如果裸露导体与金属设施接触，这可能导致电弧。最初安装时，建筑物内的电气布线经验有限，并且规范未规定测试方法和/或强制更换。

一些老式设施仍然存在这种过时的布线系统。当进行改装或改造时，火灾风险将显著增加。试图切割或拼接 RH-BX 电缆通常会导致导管内绝缘层完全破坏和剥落。显而易见，如果建筑物要继续使用，尤其是如果建筑物内有全职或兼职工人，应尽早更换老式电线。不要尝试对旧线路进行短路或临时修理，因为这可能将导致早期失效。

从这些案例研究中可以吸取一个重要的教训。在设备初始调试时，老化过程的时钟开始嘀嗒作响。与原来工艺设计相比，老化过程受到设备运行方式的影响，包括工艺波动的影响。如果设备未被正确设计、建造、安装、操作、维护和保护，则设备将以更快的速度老化，并可能在最意想不到的时候失效。这类缺陷通常被称为“先天缺陷”，可能被通过早期失效(功能性)检测到，也可能检测不到。不要拿新设备冒险。如果没有达到预期效果，请花时间调查原因。了解设备如何运行，并在开始运行前纠正任何缺陷。因为可能不会有第二次机会把它做好。

金属疲劳是航空业特别关注的问题。1988 年 4 月，阿洛哈航空公司运营的一架波音 737-200 飞机在从美国希洛飞往火奴鲁鲁的途中，机身突然发生结构失效，并随之发生爆炸减压。飞机失去了约 5.5m(18ft)的机舱蒙皮和骨架，一名机组人员受重伤。机组人员紧急下降并在夏威夷毛伊岛的卡胡里机场着陆。

以下是美国国家交通安全委员会(NTSB)官方报告(NTSB，1989)摘要：

当飞机在 24000ft 的高度水平飞行时，两名飞行员都听到了响亮的“啪啪”或“嗖嗖”声，随后跟着风的声音。副驾驶说，包含灰色绝缘材料在内的碎片飘浮在驾驶舱内。机长发现驾驶舱入口门不见了，“头等舱天花板所在的地方是蓝天。”机长立即接管了飞机的控制权。他将飞机的姿态描述为轻微左右摇摆，飞行控制装置感觉“松动”。这起事故归因于飞机内部存在的高压力，这可能是由于多次短途飞行。

根据官方事故报告，两名分班检查人员按照波音服务通报(SB)和相关适航指令(AD)的要求，在事故发生前对飞机机身蒙皮进行了检查。但由于维护计划不充分，导致了飞机飞行中机身部分分离。维护计划未能检测到明显的剥离、腐蚀和疲劳损伤。将重叠机身蒙皮黏合在一起的工作做得不好，导致了蒙皮的早期剥离(NTSB，1989)。

这种剥离反过来导致了所谓的“刀锋效应”。这种效应在机身上产生了不良的疲劳细节，许多相邻的紧固件孔开始开裂。这种形式的裂纹被称为多部位损伤，在其后期会导致广布疲劳损伤(WFD)。根据定义，WFD是指飞机不再能够承载所需剩余强度荷载的状态。这起事件的根本原因是未能理解金属疲劳机理，以及修复机身后没有经过专业人员的充分检查。

2.4 系统功能老化

功能老化可能发生在生产和制造支持系统中，包括电源(如电气、液压和气动)、电气、仪表、控制系统、安全仪表系统(SIS)和数据管理系统等。从对重大工业事故的调查中可以发现，系统功能失效有时是初始事件(如电源失效、仪表风失效)，或者更多情况下是促成事件(如安全关键测量失效、联锁失效)。

自安全自动化标准(ISA 84 和 IEC 61508)发布以来，安全仪表系统的定级[安全完整性等级(SIL)]、设计和测试以及安全仪表功能(SIF)的应用一直备受关注。严格遵守标准的要求，特别是测试、维护和保障支持系统的可靠性，可降低因功能老化而导致的新装置失效率。

由于没有直接安全维修的设计，如电力系统没有隔离和分离以保持工厂部分负荷，会引起设备的加速功能老化。

2.4.1 老化设备失效机理

整个行业仍有一些遗留系统尚未升级，无法满足新的需求。随着时间的推移，这些旧装置中的部件(如电磁阀、阀塞、继电器)可能会劣化，导致功能失效，并可能产生灾难性影响。

一起燃气铝材退火炉在启动过程中发生的爆炸，导致炉门(该炉门非常大，可以让装载铸铝原木的叉车进入)与炉分离，并坠落在50ft外。幸运的是，当时没有员工受伤。事故调查发现，安装在燃烧器燃气管线上的安全关断阀(SSV)中有气体泄漏到闲置炉膛中，并且吹扫循环计时器被调整(未确认具体原因)造成吹扫时间缩短，从而造成爆炸性混合物在点火前积聚。拆下并拆解SSV后，发现阀芯一侧有一个凹槽，从而导致其功能失效。凹槽似乎是由于阀芯摩擦阀体中的阀芯导向而造成的侵蚀。对制造商安装说明书的进一步调查，发现在安装阀门时，阀杆与垂直方向的角度不得大于15°。而该阀门安装时阀杆与垂直方向成90°角，这导致阀芯侵蚀。该炉已经运行了几年，安装时带有一个符合美国消防协会(NFPA)标准的燃烧器系统。如果进行了预防性维护，或对燃气阀组SSV进行定期泄漏测试，则可能在事件发生之前就可以检测到设备老化的问题。

另一个案例涉及一家汽车厂的大型燃煤工业锅炉，该锅炉发生爆炸，造成6

名工人死亡，14 人重伤。60 年前建造的老式锅炉被彻底摧毁。该设施的工人长期以来一直抱怨设备陈旧和环境危险。爆炸发生时，锅炉已关闭，进行年度维修。尽管工人们采取措施阻止燃气流入锅炉(在点燃燃煤炉之前，用燃气加热锅炉)，但燃气继续通过失效的隔离阀渗入。4 个多小时后，积聚的气体被热熔渣或其他热源点燃，导致大规模爆炸和火灾。

还要注意，这两个事件都发生在非稳态操作期间，这是大多数事故容易发生的时期，也是系统功能性至关重要的时期。

2.5 结构老化

物理结构的设计必须能够支撑垂直荷载，并能够承受由于天气或其他活动而产生的异常力。结构设计实践已经建立，并考虑了物理尺寸、稳定性力学(静态和动态)和各种材料的强度。如前所述，有许多类型和类别的材料用于建造和组装工艺设备和基础设施。一些材料用来界定设备的尺寸和形状，而另一些材料用于固定或封闭设备。各种材料的功能与失效机制同样多种多样。我们选择从研究金属材料可能失效的多种方式开始。假设金属部件在大多数系统中至少以某种形式存在。该材料的开发和呈现顺序并不体现优先级。个人经验或情况可能表明，涉及混凝土沉降的结构失效更为严重。设计良好的结构完整性始终受到与可能变化的地面条件相关的一些不确定性的影响。另一个重要变量可能是结构构件之间的螺栓、紧固件和砂浆的质量。最后，一个好的设计必须经得起时间的考验，并考虑了所有能够提供强度和可能失效的因素。

什么会导致结构失效？简言之，当荷载应力超过设计预期值时，就会发生机械失效。然而，对于老化结构，由于侵蚀、浸水、腐蚀、开裂、干燥、黏土和砂浆的化学分解、地面移动等因素，设计能力可能会发生变化或降低。尤其是在去瓶颈项目中，新设备增加了更多的质量，这会进一步加剧这种情况。注意，在适用的情况下，质量和结构荷载的变化应在变更管理(MOC)过程中考虑。渐进性失效会导致荷载转移到结构的其他部分，可能需要支撑比设计中预期更高的荷载份额。最终导致失效。

许多类型的问题都可能导致结构失效。这些问题大多是结构类型或不同行业所特有的。然而，大多数可以追溯到以下四个原因之一。

一是结构不够坚固，无法承受荷载。如果结构或构件不够坚固，当超应力结构达到临界应力水平时，就会发生灾难性破坏。这本质上是一个设计问题。

一个真实例子是，在正常运行设计温度远高于正常环境条件的情况下，新安装的催化裂化(FCC)催化剂再生容器在进行水压试验时发生了脆性断裂失效。该容器由高温合金材料制成，韧脆转化温度(DTBT)为现场最低环境温度。在进行水压试验的当天，环境温度已经低于DTBT一段时间，容器中由于水的重力而产生的应力导致了底部封头的灾难性损坏。设计中没有考虑最低暴露温度对建筑材料DTBT的影响而导致失效。

二是不稳定性，无论是几何形状、设计还是材料选择，都会导致结构因疲劳或腐蚀而失效。这些类型的失效经常发生在应力点，如非常接近方角或螺栓孔材料边缘的，导致裂缝缓慢形成，然后通过循环荷载扩展。失效通常发生在裂纹达到临界长度时，导致在正常承载条件下突然发生断裂。

三是使用了有缺陷的材料。材料可能制造不当，在成型过程中产生缺陷，或者可能因先前使用而损坏。失效的另一个原因是缺乏对意外问题的考虑。故意破坏和自然灾害都可能使结构承受过度的应力而失效。对使用和维护施工的人员进行不当培训也可能会对其造成过度应力，从而导致潜在的失效。

四是结构本身或使用条件或物理基础设施(地面移动)内的条件变化(如老化)。暴露于高湿度的盐水附近或低温环境中的设施会因外部环境条件而加速老化。试图按照现行规范和标准改造旧建筑可能会带来一些独特的问题，并可能导致在改造阶段倒塌。资产完整性管理要求未涵盖的设备和基础设施，由于缺乏操作和检验记录，特别脆弱。

2.5.1 警示信号

一个老化的结构能维持多久？这个问题没有简单的答案。如果缺陷和老化迹象一出现就能得到解决，如果对原因进行适当的分析并解决，则预期寿命可能会延长。然而，如果一个结构开始明显下垂，甚至对未经训练的旁观者来说也觉得变形，那么此时就应放弃它并准备拆除了。应该考虑适当的结构分析，以确定它是否适合使用。

2.5.2 结构老化案例研究

一些更为严重的老化设备失效会影响结构失效，从而对公众产生直接影响。近年来，发生了几起公路桥梁坍塌事故，造成人员死亡。最广为人知的事件之一是2007年美国明尼苏达州圣保罗市附近的Ⅰ-35号州际公路上一座横跨密西西比河的大桥，造成13人死亡，145人受伤。

图2.5-1为2012年在路易斯安那州阿玛市谷物装载输送机倒塌现场，该事故导致密西西比河西岸的一条主要高速公路关闭。坍塌没有造成人员伤亡，但由于该河段公路渡河口有限，交通改道大大增加了通勤时间。

据该公司的一位管理人员称，由于支撑桁架的失效，荷载转移到结构的其他构件上而导致了倒塌。一种可能的老化机制是循环荷载导致了桁架中的金属疲

图 2.5-1 路易斯安那州阿玛市谷物装载输送机倒塌

劳。在船舶出发和到达之间，结构上的荷载比在闲置期间要小得多。运行期间的振动也可能导致微裂纹的循环和产生。由于无法获得失效构件的照片，因此不知道失效类型(韧性或准脆性)。一旦其他因素发挥作用，高湿度环境引起的外部腐蚀也可能加速失效。

未意识到的使用变化是导致结构失效的常见因素。使用者很少有关于如何以及为什么首先构建结构的背景知识。1967 年 12 月，俄亥俄河上的银桥在高峰时段坍塌，造成 46 人死亡。两名受害者至今下落不明。银桥是一座建于 1928 年的吊桥，因其铝漆的颜色而得名。这座桥连接了西弗吉尼亚州和俄亥俄州的两个小社区。对残骸的调查表明，塌陷的原因是 0.1in(2.5mm)深的小缺陷导致悬挂链中的单个眼杆失效。分析表明，该桥承载的荷载比最初设计的荷载大得多，且维护很差。倒塌的桥梁随后被一座新桥取代。

被废弃和遗忘的建筑也可能会发生事故。马里兰州斯帕罗斯角的一家废弃钢铁厂正在准备拆除时，屋顶突然倒塌，造成 9 名工人严重受伤。这起事故发生在 2014 年 5 月，当时一名工人正在拆除内墙的石棉。到 20 世纪中叶，斯帕罗斯角钢铁厂已经成为世界上最大的钢铁厂，全长 4mile(6.437km)，雇用了数万名工人。它使用传统的平炉炼钢方法来生产钢锭，这是一个劳动和能源密集型工艺。如今，这项技术已经过时。因此，设施的维护被推迟多年。近年来，该设施也有多达 6 名业主，缺乏对维护设施的投入可能是一个主要因素。

在试图拆除废弃结构之前，应进行结构评测，以确定其资产完整性。如果认为进行此类评测太危险，则应采取安全措施，例如临时支撑或拆除结构的某些部分，以保护工作人员免受过度应力构件灾难性失效的影响。

图 2.5-2~图 2.5-7 是老化设备和结构的一些示例图片。

图 2. 5-2　被腐蚀的回收油罐

图 2. 5-3　老化的炼铁设备

图 2. 5-4　老化的气体工厂

图 2. 5-5　老化的海洋设施

图 2. 5-6 老化的工艺设施

图 2. 5-7 1911 年老式三缸内燃机

3 工厂管理承诺和责任

3.1 促进现场安全文化

说再多次也不为过，工厂的安全文化是由高层领导推动的。这一责任最直接地落在工厂或现场管理者及其直接下属身上。一线工人需要相信，工厂管理层认真对待老化设备危害的问题，表现为对持续解决问题的计划的承诺上。在大多数情况下，行动胜于雄辩。关于如何树立模范安全文化的著作有很多(例如：CCPS 2005 *Building Process Safety Culture*：*Tools to Enhance Process Safety Performance*，CCPS 2007 *Guidelines for Risk Based Process Safety*)，这些可以成为持续改进的资源。同样重要的是，将安全文化扩展到管理老化设备和基础设施的领域，这点很容易被忽视。然而，当发生涉及老化设备的严重事故时，工厂管理者的无知将不能成为正当的理由。

部门或公司管理层也有责任促进过程安全文化。这种责任往往体现在设施支出预算的批准上，在设备老化的情况下，这通常包括维修、检查和退役预算。了解设备和基础设施老化的风险对于制定良好的管理决策是必要的。委任的工厂管理者在提交成本预算时，可以通过解释允许老化或非生产性资产继续处于当前状态的风险来帮助理解这一点。本书提供了许多案例，这些案例可能有助于为投入资源用于维修、更换或拆除旧资产提供一定的说服力。

3.2 管理的挑战

工厂和设施管理面临一些与老化设施的持续运营相关的独特挑战。随着设备的老化，它可能更容易出现失效和意外停工。生产目标需要调整，并明确地传达给一线工人。人们往往倾向于通过增加生产量来弥补损失的产量。考虑到处理老化设备的一些不确定性，这可能是不明智和不安全的。严格遵守操作规程总是很重要的，特别是当设施接近其生命周期的终点时。这是基于风险的过程安全

(RBPS)要素“操作行为”的本质。

处于年久失修状态的老化设施和设备经常被改造或重新评级。这适用于基础设施系统，如蒸汽发生器、燃料分配器以及工艺设备。发生这种情况时，需要更改设计(铭牌)操作条件。旧习难改，终身操作人员可能会像过去一样看待操作。为了解决这个问题，以前的操作历史记录(例如能力、负荷和规定的条件)需要从经验丰富的工人记忆中删除。需要建立新的程序和安全操作界限，并提供技术上站住脚的依据。这本身就是一种沟通上的挑战，也是“操作变更管理”的典型例子。

在基本建设项目中，经常使用二手设备，特别是当工厂完全成熟时。重要的是要认识到，虽然二手设备可以节省项目成本，但在使用前仍需要检查此类设备并确定是否适合使用。维修计划需要考虑到这些二手设备，并且必须提供资金。

在更高的层面上，企业管理层可能会对工厂施加压力，要求在降低成本的同时生产更多的产品。企业管理层不太可能位于生产设施附近，或者对工厂在老化情况下的脆弱性有深入了解。当地工厂管理层面临着抵挡这种压力，同时试图教育那些处于更高风险等级的人。这也许是最大的管理挑战。

3.3 老化过程监控及性能测量

资产接近或超过其预期生命周期的老旧工厂的管理者应该意识到潜在的警告信号。现场是否有大量的停止服务(OOS)和退役的设备？基于工单和检查/维修历史，设备的可靠性是否处于浴缸曲线的末端？由于大量或不断增加的被动维修工作积压，或者零件因过时淘汰而无法获得，维修部门是否越来越依赖使用过的或回收的零件进行维修？资产完整性计划的趋势结果是否显示由于损伤增加了对剩余寿命的影响？

当接收了从其他公司收购的遗留设备时，管理者需要对这些老化资产的状况保持高度敏感和警惕。应取得维护和检验记录，以便用数据支持正在进行的维护和检验决策。在合并和收购过程中，应让高层管理人员意识到需要考虑工艺安全相关的问题。无论是否考虑合并和收购，高级管理层都应及早进行调查，以确定老旧设备和基础设施是否存在严重问题。

当此类信号或情况很明显时，管理人员应询问资产状况。以下相关问题的答案有助于决定未来的行动。

- 资产是什么时候安装的？
- 制造商或供应商预计的生命周期是多长？

- 检验报告说明了它目前的什么状况？
- 对于金属配件，是否已知和了解腐蚀速率/机理？
- 资产是否合于使用？是否已进行“适用性评价”(FFS)？
- 目前预计的剩余使用寿命是多少？
- 维护档案是否注明在设施的生命周期中更换了哪些设备和部件，进行了哪些维修？
- 该资产是否有可用的工艺事件档案？

应设计其他指标来监控资产完整性计划实施的状况。例如，逾期的定期检验占所需检验总数的百分比可能表明检验人员超负荷，或者计划没有适当地关注较高风险的情况。另外一个例子是比较需要采取进一步行动的检验报告的提交日期与工单完成日期，以确定行动是否及时执行，从而允许设备接入。表 3.2-1 提供了前置指标和后置指标的一些例子。

表 3.2-1　部件状况健康指标

指标序号	指标	计分要素	定　义
1	前置	服务年限/历史	根据当前操作条件(包括正常操作和异常操作的影响)调整剩余寿命后，部件年限与预期寿命的百分比
2	前置	过时设备	部件品牌和型号与过时清单上的设备相匹配。 设备过时被定义为设备可能难以维护、供应商不再支持产品、备件不再可用或设备部件变得不兼容的状态
3	前置	问题设备	部件品牌和型号与问题设备清单上的设备相匹配。 该指标表示已检测到不良的功能或操作问题的设备，这些问题怀疑是制造缺陷或具有系统范围影响的服役配置
4	前置	物理条件	根据资产完整性计划，从检验、测试和维护计划结果评估部件
5	后置	功能性能	根据性能标准基于维护和操作历史的审查来评估部件性能
6	前置	运行效率	与目标效率标准比较，对过去三年的部件维护时间进行回顾，来衡量运行效率
7	前置	工程维修策略	包含在维护数据库[计算机化维护管理系统(CMMS)]中的部件，具有明确的维护策略(预防性、预测性、基于状态的、基于风险的维护或基于原因的维护)
8	后置	纠正性维护任务	与已定义维修策略(不包括基于原因的维护策略)的设备相比，被动维修任务的数量
9	后置	计划性维修任务逾期	超过目标天数的预防性维修任务的发生次数(计数)

续表

指标序号	指标	计分要素	定　义
10	后置	纠正性维护与总维修的百分比	与被动维修相关的工作时间占部件总工作时间的百分比
11	前置	持有各类所需证书的检验人员/维修人员数量	该指标的下降可能是技能差距的前置性指标，或者是超出允许检验、测试和预防性维修任务的积压

3.4 人力资源需求

与监控程序同样重要的是负责资产完整性计划的团队成员的素质和技能。有一些显著的例子，在具有一流的工程标准、检验实践和评估程序的公司，由于未能解决人力资源问题，只能达到不合格的资产完整性结果。

例如，一家公司指派刚毕业的机械工程师到检测部门，负责审查现场测试员提交的检测报告，以决定下一步的行动。虽然测试员记录了大多数观察到的情况，但他们并不总是明确需要跟进，特别是在状态不被认为有缺陷的情况下。保温层下腐蚀就是一个例子，需要了解一些特定的警示信号，才能知道视线之外可能发生的情况。

由于使用缺乏经验、未经认证(违反 API 标准和公司政策)、流动性高(他们被转移到其他岗位)的人员，许多大型塔器在多年运行后经历了严重的保温层下腐蚀，其中一些没有通过适用性评价，不得不被替换。在本案例中，由于这些技能人员未在该职位上工作足够长的时间，缺乏必要的培训且经验不足，因此未发现保温层下腐蚀问题。

应用美国石油学会(API)中具有检验实践的认证检查员、现场测试员和数据分析师的扩展检查范围的经验和权力，确定是否需要根据已知的警示信号进行额外调查(例如，去除部分保温层)。

了解资产完整性计划的需求，并将其与适当的技能相匹配，对于获得实施质量至关重要。执行技能评估可以揭示团队是否拥有适当的技能。监督无损检测(NDE)承包商的人员是否具备所有技术的必要认证/资格来说明结果？负责压力容器和管道完整性的机械工程师的培训和经验水平如何？工厂或公司内是否有学科专家(SMEs)？是否咨询过他们，是否遵循了他们的建议？维修技术人员是否有足够的技能来处理大型复杂设备(例如，离心式或往复式压缩机)？哪些技能需要内部保留，哪些应该外包？如果技能外包，该行业是否有足够的资产特定专业知识来有效监控其绩效？

从技能评估中发现的差距应用于为维修和检验人员制定或更新技能培训计划。该计划应确定哪些技能需要持续的进修培训，如认证（例如焊接、检验）。对于维修技术人员，定期安排到动设备供应商车间可能是合适的。

3.5 设备报废和更换计划

生产装置和基础设施的设计通常具有特定的预期寿命。按照惯例，上游石油生产设施的寿命通常较短，以适应油田的产量递减速度。由于技术的进步和油价的上涨，其中一些设施的运行寿命已经远远超过了该油田最初的预期寿命。大多数下游流程工业设施的设计寿命更长，通常为30年以上。虽然在某些情况下，老化资产的生命周期可能会更长，但最终出于安全和业务原因，需要对它们进行大修、更换或淘汰。在生命周期的这一点上管理资产可能需要投入更多的资源来监控状态，并且可能需要进一步的资金支出来升级资产。

第1章和第2章描述了资产老化的一些机制。随着资产接近其初始生命周期目标的终点，应该更加关注腐蚀或循环疲劳等情况的监测。需要为检验、测试和解决老化资产的完整性问题提供适当的预算。

管理人员、工程师和业务开发团队需要意识到，总有一天设备会达到其使用寿命的终点，需要制定资金计划来管理这种情况，无论是更换还是报废。在危险工艺中，运行处于剩余寿命末期的具有已知缺陷的设备是不可接受的，因为可能发生失效导致大量财产损失和业务中断。需要与承担财务责任的高管适当沟通资金计划，以适当制定和实施维修/更换策略，以便在更换设备投入使用之前，设备在使用寿命末期不会出现失效。这包括业务连续性计划和设备应急计划，以减少工艺停机时间。这是为了避免让高管们惊讶于可能需要一个大型资金项目。与其他所有人一样，高管们不喜欢在没有充分准备的情况下面对重大资金支出。处理老旧资产的资金计划应在计划实施日期之前进行充分沟通。

战略规划是一种可以应用于这种情况的工具。战略规划是一个组织定义其整体业务方向，并就分配资源以实现其长期业务目标而作出决策的过程。它还可以扩展到指导战略实施的控制机制。战略有许多定义，但通常涉及制定目标、确定实现目标的行动以及调动资源执行行动。战略描述了如何通过手段（资源）达到目的（目标）。一个组织的高级领导通常负责制定战略。

由于老旧资产通常体积庞大（主要的转动和/或固定设备）或分布广泛（蒸汽分配设施）并且超出正常运行/维护预算周期，因此制定管理这些非常规支出的策略具有良好的商业意义（参见 CCPS 手册 *Making the Business Case for Process Safety*）。它需要从最高层开始。如果领导者委托给他人，战略规划永远不会成功，因为这需要他们的理解和支持。获得各级的支持和承诺有助于动员并让每个人都参与到使计划成为现实的努力中。

全面了解处理已报废资产所需的专业知识是至关重要的。否则，管理层可能不会提出正确的问题，也可能无法得到正确的答案。聘请具有不同技能的多元化团队，包括操作员、资产完整性人员、工艺工程师/设计师和工厂管理人员，充分了解工艺对设备造成的危害、操作条件/环境、设备状态/性能/环境、历史和资产完整性计划的趋势结果（包括部件的缺陷管理/维修/更换），以充分评估设备风险。成果输出应包括各级决策的指导方针。将老化资产的战略计划视为组织可能遇到的任何重大资本决策的指南。它应该是管理者工具箱中最重要的工具之一。它还应该预测和管理变化。随着资产老化，变化是不可避免的。虽然战略计划是一个指导方针，但它需要有足够的灵活性，以应对不断变化的条件和情况。

3.6 老旧基础设施对企业的重要性

高级管理层需要认识到老旧基础设施的重要性。他们需要明白，基础设施不会永远完好，它与工艺设备一样重要，因为公用工程和/或支持系统的失效可能导致重大工艺中断和工艺紧急关停。这可能导致设备的物理损坏并延长生产业务中断时间。基础设施失效可能导致不安全和不可靠的操作，并可能对装置的运行造成严重影响。下面列出了一些由老旧的基础设施引起的问题示例。

3.6.1 结构性资产

- 老化的结构资产（例如建筑物）可能会因潮气进入、水管老化和 HAVC 系统劣化而导致漏水和发霉问题。建筑物可能不再适合作为“就地避难所”或“避风港”。因为维护和清理成本太高，一家公司不得不放弃并拆除其办公楼。人员被重新安置到租用的办公地点。

- 管廊支撑或支撑钢防火材料的劣化，可能导致或促使管廊失效以及易燃或有害物质的重大泄漏。根据化学安全委员会（CSB）的调查报告，2007 年 2 月发生在 Valero 炼油厂的火灾严重性的部分原因是缺乏耐火材料导致管廊突然倒塌。

3.6.2 道路

- 维护不善的道路会导致移动设备损坏，并增加发生包括职业伤害在内的严重事故的风险。

- 拖车储存区域的不平整地面会导致拖车翻倒，可能会导致化学品泄漏并造成伤害。
- 场地坡度不当会因洪水而导致严重的地面侵蚀。

3.6.3 污水池和围堰

- 不断劣化的污水池可能导致地面或水污染，清理成本非常高。
- 渗漏的围堰不仅可能会造成地面污染，还会使有害物质扩散，增加易燃和有害物质泄漏的暴露区域。

3.6.4 消防水、冷却水和排水管道

- 随着时间的推移，积聚的沉积物会降低流通能力。
- 消防水系统失效可能引发操作问题，导致缺乏喷淋保护(可能违反地方当局或公司的经营授权)并阻碍需要动火作业的维修工作。
- 一旦发生火灾，消防系统的损坏会使受保护的资产在发生火灾时遭受损失。需要工艺关停(直到系统恢复)以减少火灾暴露。
- 工艺污水管失效会导致环境污染，如果不能及时发现，则需要高额的清理费用。

3.6.5 配电系统

- 设计/校准不当的配电系统故障可能会导致级联电气失效，从而导致异常状况、受影响的工艺关停、设备的物理损坏和业务中断。
- 维护不善的配电系统会导致设备失效和非计划停工，从而导致物理损坏和生产损失。
- 有故障的配电设备也可能成为处理易燃物质区域的点火源，或造成人员触电危险。
- 关键工艺的应急电源/不间断电源供应不足。在断电或正常供电的情况下，会对操作的连续性产生不利影响。

3.6.6 海上设施

- 在水面上和海底可能发生泄漏，导致溢出和水污染，并带来额外的清理费用和监管风险。
- 码头和栈桥的老化会影响原材料和成品的运输和接收能力。

3.6.7 其他工艺基础设施

其他一些由于基础设施老化导致的服役缺陷或失效可能对操作和安全产生重大影响的例子：

- 工厂空气和氮气供应；
- 流体传热系统；

- 废物处理，包括污水处理和工业废气处理(直燃式焚烧炉)。

一般来说，这些基础设施失效会增加运营成本，造成影响客户和销售合同的生产损失，使事故增加导致工人的赔偿成本增加、环境责任和清理成本增加，并使公司面临诉讼和监管罚款。

3.7 在决策过程中解决基础设施老化问题

工厂管理层需要公司的支持，妥善维护和升级老化的基础设施。升级老化的基础设施所需的资金很难证明是合理的，因为它通常不符合企业资本支出的“投资回报”准则。高级管理层有责任提醒他们注意基础设施问题并提供适当的资金，以便在设备达到使用寿命和使用失效之前及时维修或更换。

高级管理层也需要解决资源需求问题。检验人员和维护人员需要接受培训，以便能够识别基础设施问题，提出纠正措施并监督实施。

高级管理层需要建立一种重视基础设施的过程安全文化。由企业领导层制定现场管理目标和关键绩效指标，包括管理老化的基础设施。

领导层和工厂管理层应要求对每个现场识别并将过程安全风险进行排序，将基础设施问题作为评估的一部分。在这些审查期间，保险审计结果可以成为很好的信息来源。应使用基于风险的方法来确定改进的优先顺序，见第4章。企业风险承受准则应包括对基础设施问题的参考，以及相对于其他风险如何对其进行评级。

3.7.1 高管需要提出的问题

以下问题应在组织的最高级别进行审查，以确保将它们包含在业务战略和年度运营计划的讨论中(参见 ACC Responsible Care® Process Safety Code of Management Practices)。

- 关键基础设施资产的剩余寿命是多久?
- 如何确定老化基础设施的风险?
- 基础设施失效的后果是什么?
- 哪些缺陷带来的风险最高?
- 人力资源是否具备适当的能力?
- 哪些检验由外部资源执行最好?
- 维护或升级基础设施以及纠正缺陷的成本是多少?
- 完成维修或更换需要多长时间? 5~10年的计划?
- 发生基础设施和/或设备失效时的业务连续性计划是什么?

- 设备应急计划是什么，包括老化设备的为减少失效时停机时间的热备选项？

企业管理层对改善基础设施的承诺必须通过适当的财政和人力支持来体现。企业领导层需要建立目标和关键绩效指标，包括管理老化的基础设施问题。基础设施的维护应该是现场管理者目标的一部分。

高级管理层应定期建立和审查关键绩效指标，如：

- 用于基础设施维修/升级费用预算的百分比；
- 完成基础设施检验的次数；
- 基础设施缺陷未解决的数量；
- 用于基础设施升级的资金金额。

3.7.2 合并与收购

在合并和收购期间，高层管理人员需指导尽职调查小组审查基础设施的状况，并将维修成本预算包括在综合成本中。该团队应审查保险和环境、健康和安全(EHS)审计结果，以识别老化的基础设施。事故报告有助于识别地下管线和公用工程的问题。未识别的基础设施问题的成本会非常高，并可能影响收购或合并的底线。

4 基于风险的决策

使用风险分析方法来管理过程安全和风险已经应用一段时间了。故障树分析(FTA)与失效模式和影响分析(FMECA)等方法在通用过程安全法规颁布之前已被核工业和航空航天工业广泛采用多年。在过去的几年里，已经出版和发布了许多关于使用基于风险的方法帮助管理者作出与过程安全管理相关决策的书籍和文章。在本书的末尾，读者可以参考部分文献书目。本章的目的是简要强调一些特别适用于有关老化资产决策的基于风险的方法。

4.1 风险管理基础

风险有时被称为不确定性的科学。简单的风险有两个组成部分，后果和可能性。暴露情况有时被用于将损失和初始失效关联起来。除非失效发生在特定时间或关键活动期间，否则某些损失不会发生。了解风险就是了解失效的所有可能后果及其对应的可能性。所有这些组合的总和定义了系统风险。风险量化了应该针对某个问题或观点的关注程度，并有助于制定战略和推动后续行动。认识到任何情况或事件都可能有几种可能的后果，风险通常会审查非预期的或负面的失效后果。可能会有积极的影响或收益，特别是在如图4.1-1所示的业务环境中需要考虑这些。风险决策是在面临不确定性时作出的，因此需要一个协议或平台来确保一致性。风险管理提供了这个平台。图4.1-1选择的维度是一个简单的风险管理战略路线(Kelly，1998)。

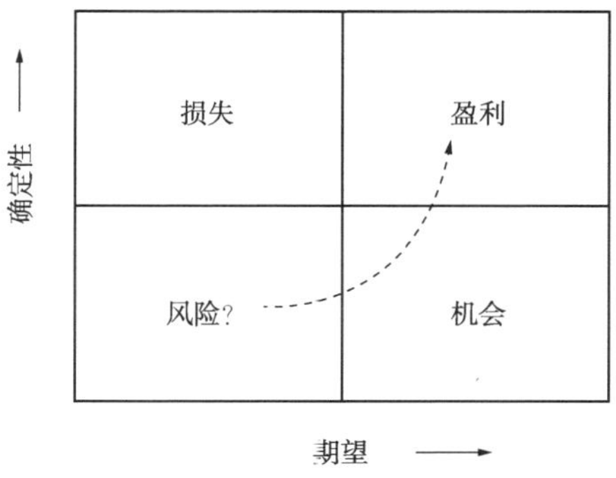

图4.1-1 选择的维度

风险管理过程审查了系统内已确定的所有风险，并根据风险构成的威胁制定了处理这些风控的策略。从更广泛的商业角度来看，风险管理被定义为将风险评估的结果与经济、政治、法律、道德方面的因素结合起来进行决策的过程。风险决策需要关注利益最大化和损失最小化的策略。风险管理应对所有系统使用生命周期方法，无论它们是客观存在的还是无形的。它始于对经营目标和目的的全面了解和理解。这是衡量成功或失败的基础。这个过程是连续的和自我维持的。系统监控会根据某些标准随时间跟踪性能和行为。任何不寻常或特殊的情况都表明系统可能处于危险之中。一个活动可能产生非预期和不可接受的结果。任其发展，事情可能只会变得更糟。系统监控建立了一个常规的数据库，可以根据该数据库跟踪未来的偏差。

风险评估是一种对风险进行量化和排序的策略。完整的风险评估提供了大量信息，可用于找出未来的失效和机会。这确实是风险管理过程的核心。许多风险是显而易见的，将通过危险或风险识别来处理，但其他风险需要制定战略并按优先顺序处理。风险评估探索了存在于每个可能的失效场景的许多后果/概率组合。重要的是要认识到，虽然其中大多数代表低风险，但当综合考虑时，它们可能表明较高的系统风险。

进行风险评估的方法有许多。这些方法一般分为四类：①基于使用领域专家的经验；②相关评估模型；③基于场景的模型；④概率模型。其中一些严重依赖科学数据，而这些数据可能并不总是可用的。另一些则需要受过训练的专业人员或外部顾问的支持。最有效的风险评估形式是让公司自己的员工参与并利用他们自己在系统操作的经验。虽然这种方法可能会影响科学的准确性，但它允许在整个运营组织中更广泛地应用风险管理原则。

在更高的层面上，这是一个需要专家和具有广泛经验的人参与的合作过程。这样的过程可以在整个组织中产生一致性，并最终建立商业风险文化。这是一种半定量的方法，将所有暴露的风险与公司风险标准联系起来。这一重要参照检查为控制风险或是接受风险提供了决策动力。风险矩阵试图在不同类别的损失间取得平衡。例如，与安全相关的损失(如重伤)可能与非常高的经济损失排名相同。通过这种方式，安全将成为真正的业务优先事项。管理层必须充分理解风险可接受标准并予以认可，以使风险管理体系有效。后面将提供有关此主题的更多信息。

有时，可能需要对风险的某些方面进行更详细的分析，以确定其等级。商业和科学模型可用于预测潜在失效的后果。可聘请外部顾问提供额外的数据或提供外部观点。这些额外的行为必须在公司的风险管理框架内进行协调，否则，相互竞争的方法将被视为制造混乱。风险评估的最终结果应该是一组简明的结论和重大风险的排名。

虽然风险评估确定了若干暴露的后果和相关概率，但这些在确定风险时并不总是具有同等重要性。在任何组织中，有经验的人往往更熟悉风险等式的后果方面。概率应被视为次要变量，并应主要用于对重大风险进行评级。风险评估试图了解可能导致损失的危险和情况。如果没有一个应急计划来应对它，任何"高后果"的风险都不应被忽视。这包括一些被认为微不足道的低概率风险。

当出现重大警示时，应要求对资产的状况和安全性进行额外评估。与过程安全管理一样，这可以采取资产风险分析(AHA)的形式，使用一种简化的方法，如What-if或Checklist(检查表)，与了解所审查资产的人员进行头脑风暴会议。分析应基于风险使用风险排序工具(如矩阵)考虑失效的后果和可能性。

4.1.1 风险排序

风险排序是在不进行定量风险分析的情况下确定优先级并作出基于风险的决策的一种常见做法。由于潜在的寿命到期问题，老化设备的风险优先级应与其他已识别的风险分开考虑。风险排序的基础是既有结果维度又有频率维度的风险矩阵。图4.1-2给出了一个风险矩阵的示例。

			后果严重性				
			轻微的 (1)	较小的 (2)	中等的 (3)	严重的 (4)	灾难性的 (5)
发生可能性	发生可能性极大	(A)	低	低	低	低	中
	很可能发生	(B)	低	低	低	中	中
	有可能发生	(C)	低	低	中	中	高
	很少发生	(D)	低	中	中	高	高
	极少发生	(E)	低	中	高	高	高

图4.1-2 风险矩阵示例

该风险排序矩阵最适合用于定性风险判断，并且使用方法应与进行危害辨识时的方法类似。后果和频率的乘积提供了风险的度量。风险矩阵上的每对后果/频率都被指定为一个风险等级，其中包括可容忍的和其他不可容忍的风险等级。不可容忍的风险等级可以进一步划分为较高风险和较低风险，以优先考虑削减措施。

制定风险矩阵的过程是从关注的后果范围开始，然后确定每个后果的可容忍水平。通常，最严重的后果包括一人或多人死亡。然而，一些公司倾向于将多人死亡事件定义为最严重的范围，而将一人死亡事件定义为不太严重的范围。一些公司还认为外部或公共影响比内部影响更严重。后一种说法的一个论点是，现场员工自愿地、默认地接受了在该环境下工作的某种程度的风险，并且比完全不知道危险的普通公众更有处理事故造成的后果的准备。另一种论点是，外部影响在过程安全的业务案例和经营许可方面具有更深远的影响。

关于个人死亡的风险容忍度有大量的数据(CCPS，2001)。来自化学/石化公司的基准数据表明，结果取决于它们是作为影响标准还是事件标准。影响场景考虑了产生意外影响(例如伤害)而需要发生的所有事件。影响场景将包括一个初始事件和任意数量的使能事件、条件事件(点火概率、人员在受影响区域的概率、产生不良后果的概率)和保护措施。事件场景通常用于危害辨识，而影响场景通常用于保护层分析(LOPA)和设施选址。

潜在造成一人或多人死亡事件的可接受影响标准范围为 $10^{-6}/a \sim 10^{-5}/a$，而对应的可接受事件标准范围为 $10^{-5}/a \sim 10^{-4}/a$。这意味着通常可接受事件标准的设定要比同类的影响标准高一个数量级。考虑到在确定场景的影响概率时需要考虑所有额外条件概率，这似乎是合理和保守的。

因此，如果一家公司想要在其风险承受能力方面符合规范，他们会选择可接受的死亡的事件频率 $<10^{-4}/a$，或可接受的死亡影响频率 $<10^{-5}/a$。一旦确定了最严重的后果类别并定义了其风险承受能力，同样的过程也适用于其他每个后果类别，允许类别频率之间的数量级。

风险矩阵还应表明风险(由后果和频率表示)被认为是可接受的或降低到最低合理可行(ALARP)的区域(绿色)。可接受的目标频率取决于后果的严重性等级和类型(基于场景考虑财产损失和业务中断风险)。

4.1.2 风险削减控制

风险削减控制是将风险降低到更可容忍水平的策略。这些可能包括安全硬件、保护层、程序、规章、人员培训、业务连续性和设备，以及应急计划。监控本身就是一种风险控制，因为它可以衡量既定风险的大小并触发响应需求。合规性审查和检验也发挥着类似的作用。风险控制应针对其处理的风险进行定制。虽然将通用风险控制应用于所有情况可能很吸引人，但如果不彻底了解风险的影响和可能性，就无法有效地管理风险。因此，风险评估是制定有效风险控制的先决条件。

风险削减控制措施有许多类型，通常需要结合使用。一个协调的计划将确保风险控制措施是兼容和相互支持的。一般来说，管理风险有四种方法。

(1) 处理风险。根据风险评估的结果，可能需要采取某些措施来改变系统失效的潜在后果或频率(或两者均改变)。

（2）容忍风险。考虑到风险很低，并且几乎没有其他方法来处理，接受这种风险也许是可以承受的。监测可以帮助确定是否以及何时需要采取进一步行动。

（3）终止风险。如果风险超过可接受的标准并且没有控制措施被认为是可行的，那么这种情况将会被完全拒绝。这可能涉及关闭设施或关闭工厂。

（4）转移风险。风险替代允许已知量的牺牲以保护关键或高度敏感的系统。风险转移包括购买保险、租赁与购买期权等。

为了关闭风险管理过程，有必要测试风险控制的有效性。风险评估应重复使用在实施风险控制时所作的假设。如果这些风险控制按预期执行，重大风险是否有减少？更好的是，整个系统的风险是否降低了？当系统中的所有重大风险都通过控制得到解决时，有必要重复第一步并监控控制本身。这将确保它们满足要求，并且本身不会失效。

4.2 基于风险的决策实践

风险决策是在适当考虑明显风险的情况下制定的策略。风险决策很少涉及两个选项之间的简单选择。即使采用了最佳策略，它们也需要详细的知识和对可能出错的事情的理解。通常，最好的风险决策是潜在不良后果最少的决策。

风险决策是如何作出的，后果是什么？风险决策必须考虑所有可能产生不良后果的情况。这不仅包括物理失效，还包括经济和社会上的异常现象，以及人们的异常行为。例如，将老旧设备遗弃在一个不起眼的地方可能会吸引好奇的旁观者或拾荒者，他们可能会因为与未知的物体接触而受伤。明智的风险决策需要展示以下内容：

- 参考和使用历史数据（如有）；
- 遵守规定的风险方法；
- 符合企业风险容忍标准。

缺乏上述考虑的临时风险决策存在高度的不确定性，如果发生严重事故则可能暗示着疏忽。影响老旧设备和基础设施的风险决策应该是可防范的。

几个日常的例子可能有助于说明与老化有关的基于风险的决策。大多数木瓦屋顶的预期寿命接近 25 年。在经历了 20 年的恶劣天气后，瓦片往往会变形和开裂。对于地面上的人来说，这应该是很明显的问题。如果无人看管，可能会对房屋造成严重破坏。这个问题有四个选择：

- 修复损坏的瓦片；
- 忽视这个问题直到所有的瓦片都损坏需要更换；

- 忽视这个问题直到家中出现明显的物理损坏；
- 更换所有的瓦片，即使屋顶的损坏还不明显。

第一个选项建立了一个无止境的追求，即在下一个缺陷升级为重大问题前进行干预。这本质上就是权宜之计。如何记录新旧瓦片？如何处理新旧瓦片的质量和颜色差异？如何更换一些瓦片而不损坏相邻的瓦片？最后，零敲碎打的修理成本可能会大大超过一开始就把工作做好的成本。

第二种选择就是忽视问题，盲目地接受风险并直接面对。当屋顶最终达到“严重失修”的状态时，可能会对屋顶防水层或下面的桁架造成重大损坏(发霉、腐烂、托梁开裂)。可能会产生巨大成本。

第三个选择比第二种更激进。它不仅接受风险，而且接受损害的确定性。最后一种选择是多数人的首选。它可能看起来有些保守，但它认识到更换瓦片最终是必须做的。这个决定只是预支了无论如何都会在几年内需要的支出。它能让人安心，并保证屋顶多年不漏水。

家用热水器也可能存在类似的情况。水箱在使用近 20 年的时间里经常发生失效。水中的沉淀物是导致水箱外壳过热的主要原因。此类失效通常发生在没有任何警告的情况下，并可能对房屋造成严重的水害。与瓦片屋顶的例子不同，没有切实可行的方法可以在不拆卸和切开水箱的情况下检查箱体。在这种情况下的风险决策要简单一些。在 15~20 年的使用寿命内以名义成本更换它，否则可能会出现失效并造成损坏。在这两种情况下，都需要更换水箱。首选选项应该是显而易见的。

应用基于风险的决策技术可以指导决策者对适用的策略作出明智和合理的决定。第一步是确定设备失效的程度并了解其后果。在这方面，可能存在多种失效模式(例如，从泄漏或逐渐丧失功能，到突然的灾难性失效)和多种结果(例如，异味、频繁停电、重大火灾/爆炸、人员伤亡、公众疏散)。正确的评估应考虑多种情况，因为最坏的后果情况通常也是最不可能发生的，因此，如果事件发生的频率高得多，后果较轻的事件可能会带来更高的风险。

如前所述，风险有两个维度，一个是风险造成的损失，另一个是风险发生的频率。一般来说，后果较容易想象和理解。频率更为抽象，特别是当事件重复间隔大于设备寿命时。由于成本是大多数努力的目标，基于风险的理性决策需要为风险场景确定频率。这将在后文进一步讨论。

并非所有涉及老化设备的决策都需要基于风险的深度决策分析。一般来说，不采取行动的潜在后果越严重，基于风险的决策带来的好处就越多。何时适合进行基于风险的决策的标准取决于各个公司的风险规避和财务损失接受程度。然而，表 4.2-1 列出了当需要进一步量化风险时的一些普遍接受的准则。财务损失的标准在很大程度上取决于公司的风险偏好。这可能受到公司规模/财务状况及其从事件中恢复的能力的影响，这涉及业务连续性规划。即使是大企业，一个特定工厂或地点的上限也可能是 100 万~500 万美元。

表 4.2-1 基于风险的决策准则

类　　型	标　　准
风险	确定在风险排序矩阵的红色(高风险)格中的危害场景
后果	(1) 现场或场外可能危及生命的事件。 (2) 业务中断和财产损失合计> $ ×××。 (3) 不可逆转的或>5 年恢复的环境损害。 (4) 需要住院或疏散的公共影响。 (5) 全国性新闻媒体报道，可能损害公司声誉

4.3 如何应用基于风险的决策

图 4.3-1 为如何应用基于风险的决策逻辑图。该过程从定义所涉及的决策行动的范围开始，这可以从单一的大型项目(例如工艺压缩机或建筑物)到涉及分布在工厂各处的资产集合的项目。界定范围将确定需要考虑多少危害场景和潜在影响结果。

4.3.1 确定危害场景

危害场景通常是从初始事件开始的一系列事件，由于资产老化发生失效，导致不良后果。一些严重不良后果的例子包括：

- 易燃或有毒气体释放；
- 固定设备(容器、管道)失效导致泄漏；
- 燃烧设备爆炸；
- 重大工艺装置和/或工厂火灾或爆炸；
- 内部爆燃和能量泄漏；
- 动设备故障和能量泄漏；
- 配电系统故障，包括开关柜和变压器故障爆炸；
- 冷却水失效；
- 结构倒塌；
- 丧失紧急关停能力；

- 火灾和气体检测失效；
- 丧失消防水量。

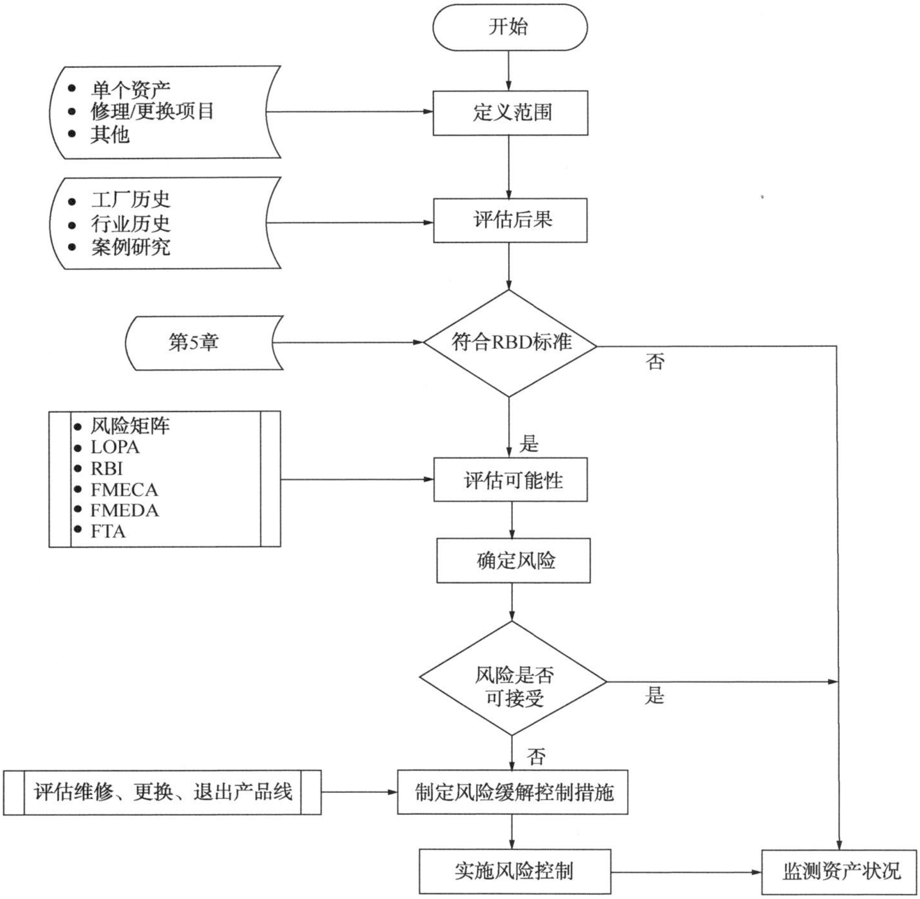

图 4.3-1　老化资产基于风险的决策(RBD)逻辑图

如上述示例所示，危害场景通常涉及工艺或结构包容的失效，或关键安全系统功能的失效。

危害场景的后果取决于其他后果因素，如易燃蒸气释放时的点火概率，或非连续操作的风险时间点。对于立即点燃的易燃蒸气泄漏，其结果是产生喷射火或池火，具有局部热辐射危害。如果延迟点火，潜在的后果可能包括闪火和燃烧危害，或受限空间、非受限空间的蒸气云爆炸，造成结构损坏和人员伤亡的危害。在定义危害场景时，重要的是确保正确识别所有结果并定义其严重后果，以正确评估风险。

4.3.2 评估后果

该步涉及为场景确定后果严重性。用于确定危害后果的不同先进程度的方法，包括从定性判断到火灾、爆炸和毒性泄漏的定量计算机模型(CCPS，1999)。除非对潜在资源的风险影响非常大，否则使用定性后果标准是足够的。此类标准是类似于图4.1-2所示的风险等级矩阵。许多公司已经开发了一个标准化的风险矩阵来进行过程危害评估，用于定义危害后果类别。其他可用于确定后果严重性的资源包括：

- 工厂事故报告和调查报告；
- 行业事故历史；
- 本书和其他CCPS书籍中提供的案例研究。

一旦确定了场景后果，下一步就是决定是否需要使用基于风险的决策。可以通过将确定的后果与一组标准(如表4.2-1所示)进行比较来实现。如果确定不需要基于风险的决策，那么仍有必要监控资产状况以便在日后解决问题。或者，修复的工作量可能足够小，可以从现有或未来的维护预算中安排维修。到目前为止，遵循系统化的方法意味着问题已经引起注意并且可以制定管理策略。

4.3.3 评估可能性

当场景后果严重性达到或超过基于风险的决策标准时，需要对发生的可能性或频率进行估算。与后果的情况一样，有多种方法可用于估算可能性，包括定性和定量的。如上所述，创建合理的风险矩阵是进行风险分级适宜的定性工具。

另一种半定量技术是保护层分析(LOPA)，利用影响标准(见上文)和初始事件及独立保护层(IPLs)的标准化失效概率数据进行更严格的评估(CCPS，2001)。LOPA通常应用于依据IEC 61511来确定安全仪表系统(SIS)的安全完整性等级(SIL)要求。(IEC 61511-1，2016)。

美国石油学会(API)推荐做法(RP)580 *Risk-Based Inspection*(API，2009)和581 *Risk Based Inspection Technology*(API，2008)，还提供了评估设备和管道物理失效风险的准则。同时，推荐做法(RP)提供了确定失效概率和后果的评估方法。

其他成熟的技术包括FMECA(失效模式和影响分析)和FMEDA(失效模式、影响和诊断分析)。这些技术可用于关注特定的失效模式并评估后果和发生频率。后者更常用于确定安全仪表系统部件(传感器、逻辑解算器和最终元件)的失效率(FIT)。有关这些讨论的其他技术信息来源的适用参考资料是英国标准7910 “*Guide on methods for assessing the acceptability of flaws in metallic structures*”(BS，2013)，以及API RP 579-1/ASME FFS-1，“*Fitness-for-Service*”(API RP 579，2007)和“*Prioritization of Safety Related Plant Modifications Using Cost-Risk Benefit Analysis*”(Stephens，1992)。其中一些技术更为严格，需要大量资源才能应用。

4.3.4 确定风险

使用已确定的场景后果严重性(步骤 2)和可能性(步骤 3)，可以使用风险矩阵得到风险级别。可接受风险目标设置为达到最低合理可行(ALARP)或位于风险矩阵的绿色可接受区域。可以通过降低频率或降低后果的严重性来将风险降低到可接受范围内。在发生灾难性失效的情况下，后果不易减轻，因此需要多个独立的保护层。然而，在资产老化的情况下，资产的更换可能会导致后果降低和频率重置的某种组合。

结合场景后果严重性和频率估算值与风险等级矩阵可确定场景风险与可接受风险区域之间是否存在差距。通常，需要通过使用额外的保护措施和独立保护层(IPLs)来管理场景风险在矩阵上的位置与可接受区域之间的频率差距，或者通过适当修复或更换资产来调整风险。

风险评估不会使问题消失。它只是提供了对可能发生事情更清晰的认识，以便可以作出更好的决策。对风险的了解有助于消除困惑，并有助于根据系统的方法和数据作出合理的决策。

4.3.5 制定风险削减控制措施

一旦确定需要管理风险，焦点就会转向对有效选项的考虑和对公司资源的需求。这个过程需要从找寻适当的技术资源以及管理资产完整性计划的人员开始。他们对相关资产的目前状况有最深入的了解，并拥有进行进一步评估(如适用性评价)和制定可能的修复方案的技术技能。公司知识渊博的专家或第三方行业专家是可用于解决复杂评估和复杂维护的另一种资源。

在这个阶段或更早阶段可能出现的关键问题之一是资产是否合于使用。目前国内外有几种同行评审的方法来评估承压设备以确定服役的适用性。最常用的一种是 API RP-579，“*Fitness-for-Service*”(API，2007)/ASME FFS-1。另一种是英国标准协会发布的 BS 7910，适用于各行业的金属结构，因此在评估金属结构缺陷的可接受性方面，其方法比 API 579 更通用。例如，蠕变条件下的断裂、疲劳、缺陷和其他失效模式的评估步骤可能同样适用于非承压设备。

API 579 有基于每个缺陷/损坏类型的模块化组织。每个模块通常有三个级别的评估，每个级别都比上一级别有更高的分析复杂程度。

- 1 级适用于现场的检查员，以最少的数据和计算作出快速决策；
- 2 级适用于熟练的工程师或其他合格的技术人员，需要简单的数据和分析；
- 3 级是高级评估，需要详细的数据、计算机分析以及适用性评价程序方面的大量技术知识和专业知识。

在应用基于风险的决策(RBD)过程之前，将 1 级适用性评价(FFS)作为预筛选方法来确定失效的严重程度是非常合理和恰当的。当然，这是假设资产正在进行定期检验，并具有记录资产完整性的数据。在这一步骤的 RBD 过程中，对于潜在的重大资本支出(CAPEX)项目，更详细的 2 级或 3 级适用性评价可能有助于更清晰地确定损害的严重程度。这可能涉及使用推荐做法中提供的一些计算技术，或者在某些情况下使用计算机模型，如有限元分析。

在选择一个或多个控制选项时需要考虑的其他因素是生命周期的延长和成本。这试图解决以下问题：

- 如果进行维修，根据剩余寿命评估，设备的寿命可以延长多久？
- 当管理层专注于问题，而不是等待和冒着额外的延迟和安全风险时，我们是否应该立即更换它？
- 维修和更换能节省多少钱？
- 我们是否应该让它运行到生命周期的最后，然后再替换？（我们有多少把握确定何时会达到安全极限？）
- 我们能否承受系统完全中断或失效的后果？

这方面的一个关键主题是资产的预期寿命延长。就像购买新车或二手车一样，关键在于你希望用这笔钱获得多少里程。

对某些设备来说，故意让其运行到安全操作极限是一种策略。比如安装冗余的动设备。在遵循这一策略时，有必要为资产制定一个全面的资产完整性计划，该计划可以准确率极高地预测到没有超过安全操作限制。对于某些损伤机理，例如保温层下腐蚀或周期性金属疲劳，可能无法达到所需的确定性程度。

4.3.6 实施风险控制

一旦制定了风险控制措施，就应制定实施计划和时间表并采取行动。最终的成功取决于行动和采取纠正行动的意愿。当由于不愿花费资源修复可能被出售或关停的设备而导致操作前景不明时，可能会出现实施方面的问题。然而，将老化的设备问题留给下一个所有者可能无法免除公司的责任，这取决于转让协议的编写以及尽职调查的执行程度。

4.3.7 基于风险的决策所需的信息

基于风险的决策依靠实际数据和说明。实际数据包括在决策时间之前有关资产状况的所有已知信息。这将包括：

- 初始设计和施工信息，例如规格数据表、U-1 表格、车间测试和检验记录；
- 服务和运行历史，包括影响完整性操作窗口和老化的使用条件的变化；
- 现场检验和测试记录、NDT、TML、目视、振动等；
- 维修/更换历史；

- 事件历史、意外故障、非计划停车；
- 变更管理文档。

此外，可以考虑过程危害分析(PHA)、过程安全管理(PSM)、司法要求和气候/环境变化，为基于风险的检验(RBI)等计划提供输入。

正确解读数据对于得出正确结论至关重要。如果问题的本质是设施的技术资源受到挑战，则应咨询其他公司设施领域专家或外部专家，将更广泛的经验纳入评估。

4.3.8 基于风险的决策记录

基于风险的决策遵循系统化方法，输入来自各种资源和活动，并需要适当的记录。记录可以或多或少地遵循图 4.3-1 中基于风险的决策步骤，从参与该过程的团队成员开始。表 4.3-1 提供了有关如何记录基于风险的决策的一些指导。

表 4.3-1 基于风险的决策文档指南

步骤	行为	适当的记录
1	定义范围和场景	描述作为基于风险的决策对象的资产、关注的失效机制，以及如果资产出现失效或丧失功能会发生什么。对于有多个设备项目的范围，每个独立的资产应该单独处理
2	评估后果	记录为每个场景考虑的后果类别和确定的严重性等级。描述用于表征后果和作出关键假设所使用的所有危害量化工具/模型或参考资料
3	评估可能性	为各种后果确定频率，并阐述用于得出频率值的方法
4	确定风险	参考公司风险管理标准，记录每个后果的可接受频率目标值。记录分配给场景的频率，将其与可接受目标进行比较，并确定哪些场景需要额外的控制措施
5	风险控制策略	描述哪些控制选项被考虑和拒绝，哪些被选择，以及在达成最终行动时考虑了哪些因素。阐述如何进行寿命延长和成本估算
6	实施控制	准备一份含有明确的行动和完成日期的实施计划，并跟踪关闭

4.4 基于风险的管理实践

基于风险的管理实践的目的是将企业的资源集中在有可能获得最大利益的领域，无论是提高盈利能力、提高安全性还是提升效率。为了有效，这个概念需要渗透到组织中，从高层管理者到那些实施实际行动以获取收益的经理和主管。管理老旧资产的风险并没有什么不同，只是往往有一种“如果它没有坏为什么要修复它?”的心态。这正是基于风险的决策可以帮助回答的问题。很少有公司有能力解决所有需要解决的问题。基于风险的决策应用得当，将可以在正确的时间将资源分配到正确的地方。

4.4.1 管理和操作与基于风险的决策保持一致

一些基于风险的工艺设备资产完整性管理计划是由在组织中低于高层管理的级别的人员来实施的，即基于风险的检验。虽然有效分配资源的目标是相同的，但具有预算批准权的管理人员可能不太熟悉这些技术。当谈到资产老化时，一个重要的因素是将风险用令人信服的方式传达给管理层。

完善并记录在案的基于风险的决策流程可以成为与管理层进行风险沟通的良好机制。该过程是系统的且相当严谨，如果表述得当，信息会引起管理层的共鸣。它将通过具体的例子来展示一些风险管理方法和工具是如何应用的，以及它们带来的清晰的决策过程。虽然需要根据调查结果尽快为某些建议的行动提供资金，但其他风险较小的行动可以推迟到以后进行，对于管理层来说，这也可能是有益的。

4.4.2 结合企业责任和经济价值

主动管理有效的过程安全计划(并鼓励个人长期维持)可以彰显出高度的企业责任。因此，一个强健的过程安全计划将通过强化风险削减来帮助公司降低风险并避免损失。

- 挽救生命，减少伤害；
- 降低财产损失成本；
- 降低业务中断成本；
- 减少市场份额损失；
- 减少诉讼费用；
- 降低事故调查成本；
- 减少监管处罚；
- 降低监管关注度。

实施有效的过程安全计划，包括可行的资产完整性管理计划，有助于为公司及其股东创造和维持价值。此外，将过程安全作为公司文化的重要组成部分，可以使公司实现可衡量的收入增长和成本降低。其结果是提高了资产完整性、可靠性和弹性操作。以下是过程安全投资的回报(CCPS，2006)：

- 生产力提高；
- 生产成本降低；
- 维护成本降低；
- 所需资本预算降低；
- 保险费降低。

4.5 突发事件处置

随着越来越多地使用以概率为中心的维护和基于风险的检验，老化资产有可能被错误地归类为低风险并且没有得到应有的关注。这种情况可能会导致意外的失效事件。

可以采取哪些措施来减少意外？这些实践涉及对风险参数（失效严重程度和可能性）作出明智的判断。某些最初被定义为具有较低风险的资产应定期被重新评估，以确保严重性和概率认定仍然有效。重新评估的一个触发因素是下一次计划性检验涉及失效机理的测量数据。这允许将最新的实测数据纳入风险评估过程。大多数维护管理系统（MMS）软件都包括腐蚀速率趋势分析和预测剩余寿命的功能。对于其他失效机制（例如疲劳），可能需要更多基于经验的评估。在某些情况下，设置 5 年或 10 年的时间间隔将是更好的选择。

有时，意外发生在忽视的资产中，例如结构和辅助支持系统，包括排水管、地下管道等。有时，这种系统中看似轻微的失效可能会导致严重的事故。

一个典型的例子是在美国北部一个使用化学融冰剂的工厂高架停车场的铸铁排水管道。几年后，排水管道的弯头被融冰剂中的氯化物腐蚀了。在停车场旁边和下方有一条管道，里面有高压绝缘氢气管道。水从上方发生故障的排水管道滴到氢气管道上，最终导致保温层下腐蚀并削弱管道强度。管道最终发生灾难性失效，导致爆炸和火灾。管道的铝包层上有一个着色的警告信号，该信号是资产完整性检查项目的一部分。但漏水的排水管和保温层下腐蚀之间从未建立联系，排水管也从未被修复。从这次事件中可以吸取一些教训。

- 充分了解工艺危害。在正确评估之前不要低估任何资产或设备的潜在危险。结构和非工艺辅助设备的失效可能会以微妙的方式影响已知的危险设备。
- 留意出现异常或与正常运行状态有变化的设备状况。绝缘包层上的着色是可能存在保温层下腐蚀的警告信号。
- 与操作和维护工厂资产相关的人员，应参与某种形式的失效排除及异常的或不寻常的情况报告。然而为了有效，不直接参与维护和检验的人员需要接受基本失效模式和警告信号的培训。

4.6 基于风险的决策成功指标

基于风险的实践的成功情况将根据花费的资金和获得的收益来衡量。花费的资金将包括以下各项的年度支出：

- 以概率为中心的维修(PCM)；
- 基于风险的检验；
- 基于风险的决策的计划维修/更换。

随着时间的推移，可以衡量和跟踪的好处包括：

- 可以避免因老化资产失效导致的事故；
- 可以避免事故的直接成本(故障维修)；
- 可以避免事故的间接成本(业务中断、增加的保险费、清理费用、罚款等)。

当然，这些都是后置指标，有望随着时间的推移而下降，月于避免未来成本而花费的资金更难量化。规避成本是保险业用来设定保费的理念。它考虑了未来可能损失的价值、此类损失的概率，并利用蒙特卡罗模拟来确定可能的平均年潜在损失。如果一家公司有一系列潜在的危害场景，以及相关的后果性财产损失和这些损失的概率估算，则可以应用相同的方法。当处理后果的成本估算低于每年可能的规避成本时，就会产生正向的收益(Stephens et. al.，1992)。表 4.6-1 中展示了其他度量标准示例。

表 4.6-1　纠正和预防指标定义

指　　标	定　　义
维护(RM)积压	设施中每个单元的未完成 RM 数量
RM 逾期	设施中每个单元的未完成 RM 平均周期
腐蚀类问题的未完成 RM 数量	与阴极保护或腐蚀类问题相关的设施中每个单元的未完成 RM 数量
腐蚀类问题的系统预防性维护(PM)计划合规性	为阴极保护或腐蚀类问题按时执行的 PM 百分比
超压事件的数量	设施中每个单元的超压事件数量
未关闭的过程安全(PS)建议的数量	PS 审核提出的建议设施中每个单元 PS 行动项的未关闭数量
系统停车次数	通过运行单元的跳停次数、备用设备导致的紧急关断(ESD)和启动失败的次数来衡量系统停车次数
系统定义的过时组件类型数量	过时设备清单中已识别的过时部件类型的数量(按品牌和型号)(不是单个设备的完整计数)
压缩机效率	效率比。基于进口和出口温度和压力的计算
发动机燃油效率	产生特定推力或马力使用的燃油所含的能量除以这份燃油所含的全部潜在能量

5 工艺设备和基础设施全生命周期管理

5.1 生命周期阶段

工艺过程经历可行性研究、工艺开发、设计和建造/制造、调试/启动、运行、维护不同阶段，最后退役。经历这些阶段的过程通常被称为过程生命周期。*Inherently Safer Chemical Processes*（CCPS，2008）书中，专门有一章是关于生命周期阶段主题的。目标是在整个生命周期阶段中持续应用安全设施操作和维护的策略和实践，以确保对员工、公众和环境的保护。通过适当的管理，老化资产可以在需要安全可靠运行的文化中安全地运行。

5.2 资产生命周期管理

资产生命周期管理（ALCM）是优化资产生命周期的综合方法，从概念设计开始，持续到建造/制造、调试/启动、运行、关闭和退役。周密的计划、分析和及时的执行将促进作出适当的由数据驱动的决策，并使 ALCM 达到最佳状态：

- 操作和维护策略；
- 组织结构；
- 人员配备和培训要求；
- 优化资产完整性实践。

资产生命周期管理涉及实现有效资产投资决策的综合方法，不仅针对工艺和基础设施资产，还涉及对持续性成功至关重要的支持资源、业务流程、数据和支持技术。

这种全方位的资产生命周期管理方法使大量的资产数据，特别是来自资产完整性管理计划的数据，能够在实际的持续业务层面上得到有效的管理和利用。图 5.2-1 为资产生命周期管理的示例。

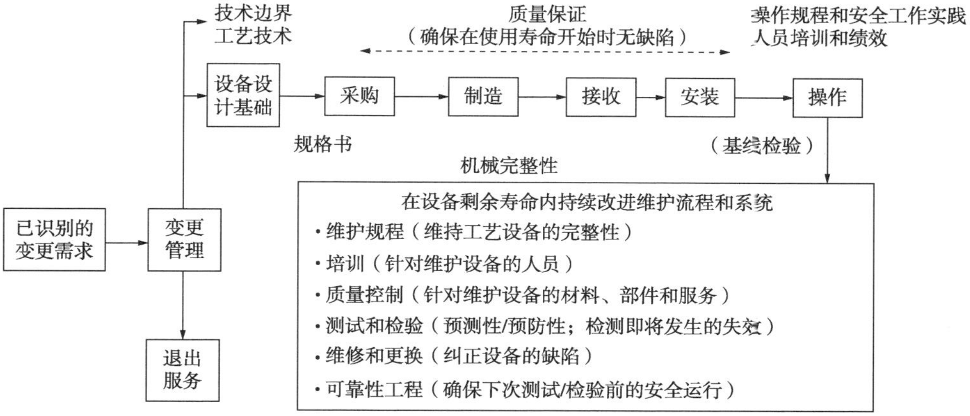

图 5.2-1　资产生命周期管理

虽然资产生命周期的大部分管理时间都在操作/维护阶段，但其完整性管理必须从其概念开始。它的执行情况在很大程度上取决于设计和施工阶段的工艺技术(PT)、工艺操作的一致性以及质量保证(QA)。技术决定了设备用途(规格，可接受的限度)。质量保证确保它开始就是这样的，然后适当的操作程序和培训确保它在可接受的界限内运行。最后，良好的资产完整性计划将其保持在这些界限内。图 5.2-1 描述了资产完整性管理的所有这些方面如何在整个资产生命周期中相互作用。

支持生命周期资产管理的一些关键要素包括管理战略制定、组织设计和长期资产规划。

5.2.1　管理战略制定

管理战略应该包含一个成功的资产生命周期管理计划的共同愿景、策略和行动计划。制定愿景将组织利益相关者聚集在一起，以建立对资产管理的共同理解，就企业目标达成共识，并为项目的实施制定计划。这个过程的输出应该是一个资产管理战略计划，它定义了行动计划，列出了实施时间表，解决了预算需求，并陈述了推进可行的资产生命周期管理过程的业务案例。

5.2.2　组织设计

为实现资产生命周期管理的目标，组织架构应该使正确的人员、过程、数据和信息技术在适当的时间结合在一起。这反过来要求组织的角色和职责要在构架中说明，使得合格的资源可用以实现规划目标。

5.2.3　长期资产规划

决定如何最好地投资有限资本以及运营和维护资金是管理资产生命周期的核心。

了解设施资产的当前状况和能力，以及未来的能力和可靠性要求是至关重要的。还需要了解与实施或推迟资产维修或更换的相关成本和风险，见第 4 章。规划过程应解决以下问题：

- 根据战略目标，优先考虑短期的(如 5 年)资产资本项目；
- 预测较长时期(如 10~15 年)的资本更新和重置成本；
- 根据长期收入和成本预测，评估老化设备和基础设施的资金需求。

5.3 综合话题

5.3.1 操作完整性管理

5.3.1.1 安全操作界限

生命周期管理的一个基本方面是遵守安全操作界限，将其作为资产完整性操作窗口的一部分。对于工艺设备，安全操作界限在工艺知识和 *Risk Based Process Safety Guidelines*(CCPS，2007)的其他要素中进行了阐述。要求提供与工艺技术有关的信息，包括温度、压力、流量或成分等项的安全上限和下限，以及作为变更管理一部分的偏差后果的评估，包括影响雇员安全和健康的偏差。CCPS 将安全操作界限定义为基于设备设计限值和工艺动力学所确定的关键工艺参数(如温度、压力、液位、流量或浓度)的限值(CCPS，2007)。运营公司对这一概念的另一表述是，安全操作界限是基于物理设备限制或工艺限制的最大约束来定义最终的安全操作条件(Conoco/Phillips，2013)。其目的是需要定义和记录一个安全工艺操作范围，考虑了最大允许工作压力(MAWP)、最大允许工作温度(MAWT)、导致工艺失控的条件(例如，接近失控状态等)等信息。

然后，这些信息将用于制定操作规程，写明操作界限、偏差后果以及纠正或避免偏差所需的步骤。这一安全要求是为了确保操作人员在正常和异常工况下的标准和紧急操作程序方面得到充分的培训和再培训。这些程序需要考虑关键操作参数限值，以及在接近或超过这些限值时应采取的措施，以避免超过设备的设计限值。

对于承压设备，API RP 584：*Integrity Operating Windows*(API，2014)阐明了对已建立和实施的操作变量与预设值之间偏差的定义、监测和响应，以防止由于过程控制不足而导致的潜在泄漏，避免承压设备意外或非计划的劣化或损坏。在完整性操作窗口内运行应该会获得可预测且合理的低劣化率。

CCPS RBPS(《基于风险的过程安全》)要素旨在避免可能危及工艺设备短期或长期完整性的操作条件。虽然过程安全管理(PSM)并未明确涵盖结构和辅助基础设施，但这些概念仍然是资产完整性管理(AIM)的良好例子。这可能涉及识别和记录基础设施的参数，如质量界限、循环周期界限、电压/电流界限、扭矩界限等。即使对于不强制要求实施 PSM 的公司或设施，也推荐应用资产完整性管理等理念作为管理资产过早老化的一种手段。

5.3.1.2 机械和功能完整性

在整个生命周期内维护设备和资产的完整性是避免发生严重后果事故的主要目标。资产完整性是通用过程安全法规的基础之一，它涉及通过收集、记录、跟踪和分析资产的物理和功能状况数据来监控资产的健康状况。资产完整性管理包括许多由专业协会和行业协会制定的规范和实践，涵盖了包括设计和建造、维护和检验、变更和退役在内的各个生命周期阶段。这一专业知识体系通常被称为公认的良好工程实践(RAGAGEP)。它构成了为维护过程资产的物理和功能完整性而开发的程序的基础。RAGAGEP 还经引用被纳入政府法规。图 5.3-1 总结了许多适用于不同生命周期阶段的设施资产的规范和标准，这些规范和标准被视为 RAGAGEP。第 6 章和第 7 章提供了与管理老化资产完整性特别相关的 RAGAGEP 更具体的信息。

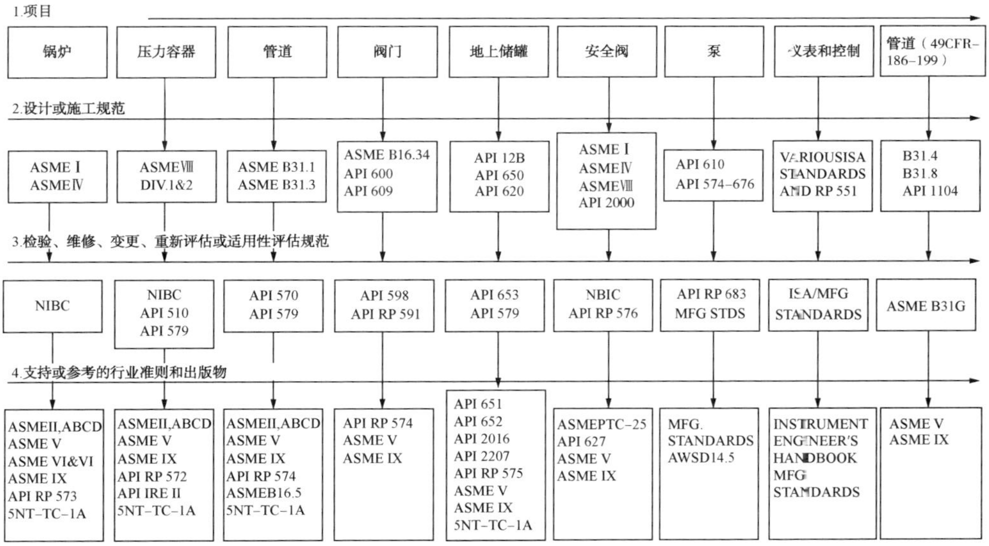

图 5.3-1 适用于设施资产的规范和标准

资料来源：*Guidelines for Asset Integrity Systems*《资产完整性管理指南》-CCPS 出版物(CCPS，2006)。

旧设施中存在这样的情况，不符合现行规范的设备通过特殊规定可以继续使用。重要的是，这些规定被记录下来并包含在过程安全信息(PSI)中，这些规定应同时必须被遵守。

5.3.2 管理生命周期中的变更

如果设备的生命周期延长，其资产完整性可能会发生许多变更。其中一些变更是间接的——仅仅是持续长期暴露在稳定状态和不断变化的工艺条件下的结果。其他变更是人为发起的，并且是由处理操作中出现的问题的需求驱动的。其中一些与维护有关，而另一些则与设计有关。

有必要建立一个管理系统来审查和跟踪这些变更和管理缺陷，以确保它们不会损害系统或设备的完整性。通常，变更管理程序处理的是非实物的组件更改，或覆盖新设备安装的大型项目。工艺技术的变化可能是由于生产率、原材料、实验、设备不可用性、新设备、新产品开发、催化剂变化以及影响安全操作界限和完整操作窗口操作条件的变化，目的是提高产量或质量。设备变更包括管道间的预先布置、实验性设备、计算机程序修改以及报警和联锁的变更。此外，还有其他领域也需要变更管理：

- 程序变更(例如，标准和紧急操作程序、安全工作实践或维修和检验/测试程序)；
- 检验、测试、预防性维护和维修要求的变更(例如，更改检验时间间隔或变更压缩机或泵的润滑油)；
- 现场基础设施的变更，如配电系统、支持系统、消防或固定和/或建筑物；
- 组织变更的管理。

因此，一些工艺安全法规要求通过适当的变更管理程序来建立识别和管理变更的手段和方法，包括对变更进行工艺危害评价以写明其对安全和健康的影响的选项。

为了解决特定的设备问题，不同方面有时会同时进行变更。例如，一个变更处理控制系统问题，另一个变更处理泄放系统能力问题。因此，一个问题的解决可能导致另一个问题。这在一定程度上解释了对整个系统进行定期风险评估以提供一个整体视角的重要性。在一个特定区域实施了多个变更之后，可能需要完全重新进行危害评估，以有效地处理所有累积的变更带来的风险。老化设备的一些变化更是微妙和长期的。过程安全管理体系程序如何处理这些变化？是否有程序定期检查设备的使用情况，是否符合原始设计意图？

对于一些老化机理，如腐蚀/侵蚀导致的金属损伤，通常的做法是采用厚度测量(TM)，并将其与经设计计算和制造图纸或标准厚度规格(例如，管道等级表)确定的最小壁厚值进行比较。通常，变更管理不会定期地、全面地处理资产正在进行的生命周期变更。例如，在设施或设备延长的生命周期中，可能会有许多变更，包括物理和服役条件。这些变更是否被跟踪、是否被考虑并分析了这些变更的累积效应。在变更执行之前进行评估的变更过程风险分析通常不会解决这方面的问题。当设施或资产接近其预期的使用寿命时，受时间、维修历史和变更修改次数触发，应该采用更全面的变更管理来考虑变更的累积影响。变更程序应与这种需求相一致。

在某些情况下，临时维修(例如，增加旁路管道或安装管道或法兰夹以减轻扰动)会被永久保留在该处，而疏漏了它们的拆除。随着时间的推移，这些变更往往会被遗忘，特别是如果它们从未被添加到 P&ID 中，并且在重新进行危害辨识时也没有被考虑。除非资产完整性计划有一个系统来验证缺陷得到了适当的管理、跟踪和趋势分析，并且作为计划的一部分对临时和永久维修进行了评估，否则设备的可靠性就会受到影响。这可能会增加设备故障的可能性。影响资产完整性计划的变更应被视为变更管理的一部分。变更管理系统是确保及时处理临时维修的常用方法。当需要进行临时或紧急维修时，应提交变更请求，并说明移除临时变更或将变更状态转变为永久变更的日期。如果永久生效，则应在变更关闭前对过程安全信息进行更新以反映这一变更。

5.3.3 孤立资产

造成资产老化问题的一个根本原因或成因是缺乏所有权。对于被分配给公用工程或后勤监督，或根本没有被覆盖(有时被称为灰色地带设备)的辅助系统或基础设施，这种情况更为常见。灰色地带设备的例子包括泵辅助管道、工艺软管、界区外(OSBL)管道和支撑、液位抑制器和相关管道、偏远罐区的进出管道和支架、供应商操作的设备(例如，化学法处理设备)，以及工厂进料管线。该资产可能不在正式资产完整性计划的设备清单中。缺乏所有权导致被忽视。运维部门应定期将企业资产清查清单与资产完整性计划中的资产清单进行比较，确保符合既定筛选标准的资产全部被计入。

5.3.4 年久失修资产

年久失修意味着设备被忽视、维护不善或不充分。当进行不充分或不适当的维修时，设备的性能下降可能会继续被忽视，并可能发生重大故障。设备的失修状态更有可能发生在其生命周期的末期。

前面提出了一些预防和解决因疏忽造成失修的方法。应确保明确定义资产所有权，并且遵循资产完整性计划。设备维修不足更多的是人力资源质量问题或可能是维护预算不足。对于后者，如果不能为适当维护高风险资产分配足够的资金，则应告知管理层继续经营的风险。

由于负责人知识和技能的缺乏，以及维护和测试的实施也可能发生不当的维护。在分配角色和职责的同时，管理层的责任是确保填补职位的人员具有必要的背景、技能和证书，以熟练地执行任务。如第 3 章示例所示，指派经验不足的应届毕业生到检验部门进行上岗培训，而没有进行适当的培训和认证，可能导致不合格的表现和潜在的危险。应明确从事设备资产管理的管理人员、监督员、检验员和技术人员的培训要求。使用培训或能力矩阵，可以帮助组织和确保人员已经或正在接受该职位所需的所有培训。

适当的维修和保养能解决多年被忽视的问题吗？对于这个问题并没有单一的答案，但是有一种方法可以帮助我们找到答案。第一步是评估失修资产的当前状况。这可能需要一些努力，取决于记录保存的质量、最后一次已知的检验、当前服役状态等。几乎肯定的是需要某种形式的检验。根据资产的类型(如工艺设备、基础设施、建筑)，这可能涉及外部或内部目视检查、外部或内部无损检测、保温层下检查、远程内部目视检查(如内窥镜)等。如果没有基线测试结果，则必须参考原始设计规范和图纸。

接下来的活动是审查检验和测试报告并评估结果。评估的深度将取决于失修的严重程度。报告本身可能包括一些建议，如去除锈蚀和水垢以及重新涂覆以限制恶化。在中度到重度的情况下，需要一些额外的数据收集和工程计算(例如，剩余厚度、API 579-1/ASME FFS-1 的 1 级、2 级或 3 级)。这些评价应该制定解决资产服役能力的计划，其中应包括所需的设备翻新及未来的维护和检验制度。

最后是估算生命周期延长和恢复资产健康的成本。在许多情况下，成本/效益比将有利于翻新和继续维护。对于更重大的维修(焊接覆盖层、壳板、更换运行工厂的主要设备支撑结构)，如果生命周期延长不确定且成本较高，则完全更换可能是性价比更高的选择。

在控制系统维护不善的情况下，决策可能取决于设备的使用年限和功能。近年来，工艺控制仪表经历了重大的技术进步，这一威胁可能会继续存在。一些供应商不再支持某些旧产品线。对于这种类型的资产，更换可能是避免持续年久失修的唯一现实选择，如第 5.3.6 节中关于利旧设备/部件相关的描述。

5.3.5 通过重建设备延长生命周期

当老化的设备被重建，它真的开始了一个新的生命周期吗？为了回答这个问题，考虑失效的时间分布函数是有用的，即

$$F(t)=1-\exp(-\lambda t)$$

式中 λ——故障率；

t——时间。

一个设备的安全仪表系统失效概率与时间情况如图 5.3-2 所示。这个例子是针对安全仪表系统的验证测试，然而，同样的概念大多适用于老化资产。

这些曲线是理想的，因为潜在的假设是验证测试覆盖率为 100%。在现实中，可能存在验证测试无法检测到的残余故障机制。因此基线概率不会返回到 0，并沿类似路径随时间成指数级增长（CCPS，2016）。类似地，对于重建的资产，人们不会期望在重建之前积累的所有可能的故障机制都被消除。这并不是说重建资产是不安全的或不可取的，它可能不会恢复到在新的时候的状态。

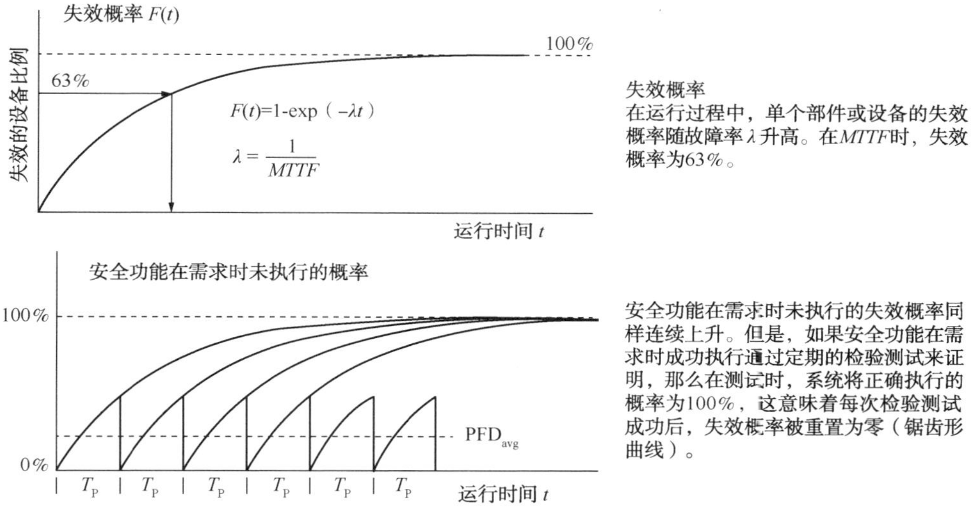

图 5.3-2　安全仪表系统失效概率与时间（Dräger，2007）

这表明，在重建前实施的任何完整性监测计划都应该继续进行。

修复程度较低的翻新资产可能存在类似的问题。确定它们是否适合使用并设定使用界限。使用有限元分析等标准应力分析技术，可以对钢结构和管道桥架进行适用性评估。然而，对于一些基础设施资产的适用性评价（FFS），没有合适的标准。

5.3.6　管理利旧设备或翻新设备

设备/部件利旧指的是当备件不容易获得时，有时从类似设备上拆取零件进行更换。有时类似设备已经被废弃，有时它是备用设备。设备/部件利旧很少用新设备进行。对于老化的设备，这种做法更常见，重复利用（重组）的部件可能不像原定部件一样适合设备或功能。这种做法通常是在对替换零件的质量控制有限的情况下进行的。

另一种做法是从二手设备供应商那里购买重建或“翻新”的部件。这些做法的风险是引入的部件并没有实质性地延长系统生命周期，而是可能实际上减少了系统生命周期。它们通常是让生产恢复正常的权宜之计。

我们的目的不是禁止使用旧的或翻新过的设备，而是控制风险。这可以通过对此类设备的验收(资格)和库存管理实施一些管理控制来实现。第一部分是指有一个程序和标准来确定设备的适用性和可用性。例如，该设备是否符合其所更换设备的规格要求？其次，设备的条件是否适合使用？在重建设备的情况下，供应商进行了哪些质量检查以保证其可用性？对于拆下的部件，采取了什么预防措施来确定是否适合使用？

在计划使用旧设备的情况下，应该采用其他过程安全管理系统，即变更管理和过程危害分析(PHA)。这些要素使具有不同技能的团队能够评估安装非新设备的条件和风险。

旧件和翻新件验收合格后，需要有一个系统对合格的库存进行管理并妥善存放。这将适用于不需立即安装的部件。当预期会发生设备/部件利旧时(例如，不再支持的控制仪表)，部件应经过验收过程，然后加入验收合格的库存中，如果需要，应放置在适当的包装中，并远离其他部件存储。

5.3.7 老化资产的封存和重新启用

即使是在退役和封存的情况下，也有必要保持资产的完整性。设备应断电、清空、清洁，并应采取额外措施保护设备和持续检验(CCPS，2006)。如果打算稍后将资产恢复使用，则封存应包括吹扫和其他措施以帮助保存设备，如保持适当的大气环境以防止腐蚀(CCPS，2006)。

封存资产的重新启用是使用的变更(从闲置变为生产使用)，应该通过变更管理系统进行管理。此外，对于这种情况，应遵循重新调试程序。该程序还可能包括使用变更(例如，新化学品等)的批准，应考虑：

- 停止使用的时长；
- 持续检验和/或预防性维护的执行程度；
- 新的工艺条件；
- 重新评级。

还应该说明检验要求和其他设备检查(例如，仪表、泄压能力、管道应力)，以验证所使用的设备适合其预期用途(CCPS，2006)。RBPS(《基于风险的过程安全》)操作准备要素要求在启动前进行安全审查(CCPS，2007)。

5.3.8 旧设施和设备的部分升级

行业规范和实践在不断发展的同时，也从工业历史中汲取了正面和负面的经验。一些新的和修订的法规包括旨在防止造成严重损失事故的安全设施。在一些法规中有一项条款，允许对现有设施和设备进行“超期服役”处理，允许旧设备在能够安全操作的情况下保持“原样”。对任何设施或设备进行超期服役的决定均应与监管机构协商。

近年来取得显著发展的一种设备是燃烧加热器。这是许多工厂的主要危险源。如今的工艺加热器往往比以前的同类产品更大更复杂。燃烧管理系统现在的设计是为了确保加热器内所有点都处于安全条件。API RP 556，*Instrumentation and Controls for Fired Heaters and Steam Generators*，提供了设计和操作现代加热器控制系统的详细指南。这只是最近对此类设备进行改造的一个例子。

虽然没有必要在老式加热器上采用这些现代功能，但一些公司已经对现有设备进行了部分改造。这可能是出于良好的意图，但是，如果没有在现场进行整体一致的部分升级，可能存在大量的设备更新换代，对操作人员构成安全隐患（人为失误）。如果公司或设施希望在自愿的基础上对陈旧的设备设施部分采用新的规范和标准，则应制定一些严格的统一标准并遵守这些标准。进行此类升级的理由应由变更管理处理，并正式记录在公司档案中。

5.4 预测资产使用寿命

5.4.1 平均寿命和使用年限

估计使用寿命的一种方法是根据一组同类设备的设备报废率数据来进行。平均预期寿命可由寿命之和除以报废数得到。

“样本均值的主要弱点是，它只使用已经报废部件的信息。对于一个只有很少报废设备的设备组，存活的部件和报废的部件都是平均寿命的组成部分。本书提出了一种基于威布尔分布或正态概率分布的平均寿命及其标准差估计方法。基于概率分布方法的优点是考虑到报废和幸存对平均寿命的贡献。即使只有有限的部件报废数据，这些模型也能得出相对准确的估计。”（IEEE，2006）

表 5.4-1 说明了英属哥伦比亚省传输公司（BCTC）的一组 100 个 500 kV 电抗器使用平均寿命作为衡量标准的局限性。在这个例子中，100 个电抗器中只有 4 个退役样本，平均寿命为 25 年。

然而，该组的 35 个电抗器寿命已经超过了 30 年，这证实了使用分布估计的 37 年或 38 年的平均寿命应该比 25 年更合理（IEEE，2006）。

表 5.4-1 500kV 电抗器的估计平均寿命（IEEE，2006）

项　目	正态分布	威布尔分布	样本均值
平均寿命/a	37.628	38.363	25.0
标准偏差/a	6.896	6.293	

有两个概念与度量基础设施资产的年龄有关：自然年龄和功能年龄。自然年龄是服役日期与当前日期的差值，比较容易计算。

为了达到系统规划的目的，粗略估计通常就足够了，可以使用自然年龄。然而在维护中，重点通常是设备的一个特定部件。在这种情况下，最好获得功能年龄的估计，这取决于与使用历史、操作和环境条件相关的退化状态。在某些情况下，可以通过现场评估来估计功能年龄（IEEE，2006），包括通过检验和测试程序进行监测。

5.4.2 评估寿命到期失效概率

通过估计特定设备的平均寿命和使用年限，我们可以定性地判断设备的老化状态，因为我们知道它离平均寿命有多远。关注老化状态是为了关注与老化设备的寿命到期失效相关的潜在风险。为了量化老化失效的风险，有必要对老化设备的寿命到期失效概率进行评估。

众所周知，故障率或失效概率与使用年限之间的关系可以用一个所谓的盆或浴缸曲线来图形化表示，如图 5.4-1 所示。从图中可以看出，随着使用年限的增长，磨损阶段的故障率急剧增加。事实上，浴缸曲线可以用威布尔或正态分布进行数学建模。图 5.4-2 显示了故障率和使用年限之间的正态分布故障密度函数关系，图 5.4-3 提供了威布尔分布故障密度函数的相同关系。图 5.4-2 中的 μ 和 σ 是正态分布的均值和标准差，而图 5.4-3 中的 β 和 α 是威布尔分布的形状和比例参数。可以看出，两图所示的关系与寿命浴缸曲线磨损阶段的关系是一致的。

注意，威布尔分布可用于对浴缸曲线的所有三个部分进行建模：初期 $\beta<1$，正常运行阶段 $\beta=1$，磨损阶段 $\beta>1$。

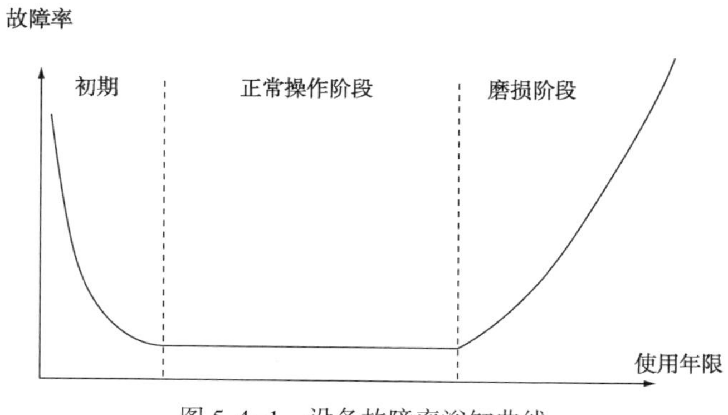

图 5.4-1　设备故障率浴缸曲线

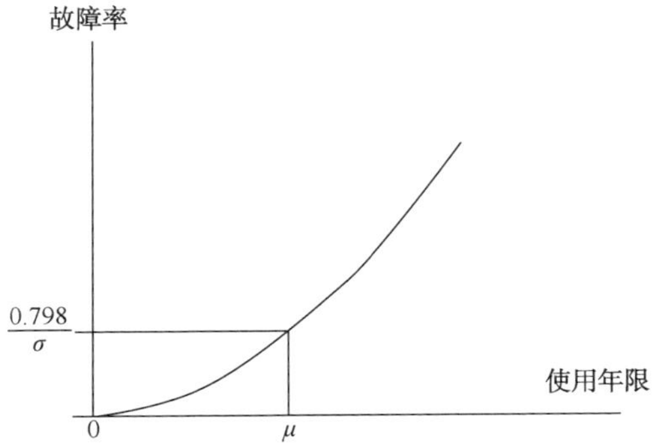

图 5.4-2 正态概率分布的故障率与使用年限的关系

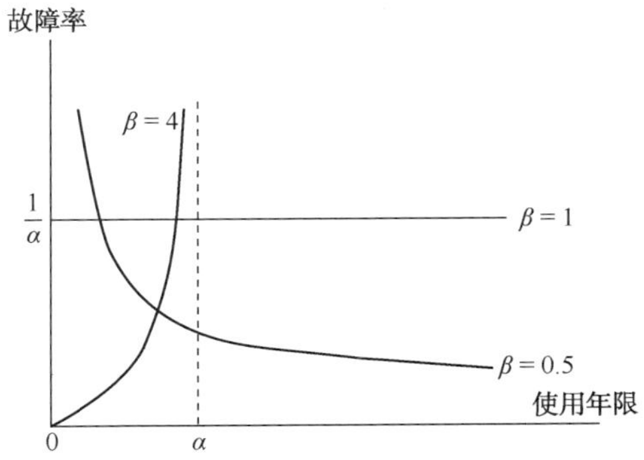

图 5.4-3 威布尔概率分布的故障率与使用年限的关系

设备寿命到期失效有两种失效概率概念。一个是在给定时间段(通常是一年)内发生寿命到期失效的概率。另一个是不可用性，即是设备在给定的时间段内由于寿命到期失效而不可用的概率。这两种概率都被用来量化设备寿命到期失效的可能性，尽管它们在概念上有所不同。由于寿命到期失效导致的不可用与设备可修复的失效导致的不可用的概念是一致的。寿命到期和可修复的失效是系统风险评估中的两种基本失效模式(IEEE，2006)。

5.4.3 老化过程及维护

如图 5.4-3 所示，随着设备的老化，寿命到期失效的概率增加。另外，可以利用资产完整性计划来评估服役老化的进程。从概念上讲，有两种类型的维护：被动式维护和预防性维护。被动式维护包括在设备使用中出现失效后进行维护(或维修)。所采取的措施仅限于特定的失效事件，以使设备恢复到可接受的操作水平。这种类型的维护是为那些对整个过程的可靠性和可用性没有直接影响的资产保留的。预防性维护包括按照预定的时间间隔(通常基于时间)进行维护活动，以防止失效发生。这种类型的维护旨在通过建立一个固定的、基于时间的例行检验计划来减少非计划停机的频率和严重程度。预防性维护的主要目标是减少设备的老化，延长设备的使用寿命，并解决可修复失效和寿命到期失效。设备的使用价值或经济价值会随着它的老化而降低，预防性维护活动会延缓老化过程。经济价值、时间和预防性维护之间的关系如图 5.4-4 所示。从图中可以看出，维修可以恢复部分因老化过程中劣化而造成的部分价值损失。然而，尽管维护可以减缓老化，但不能完全阻止它(IEEE，2006)。

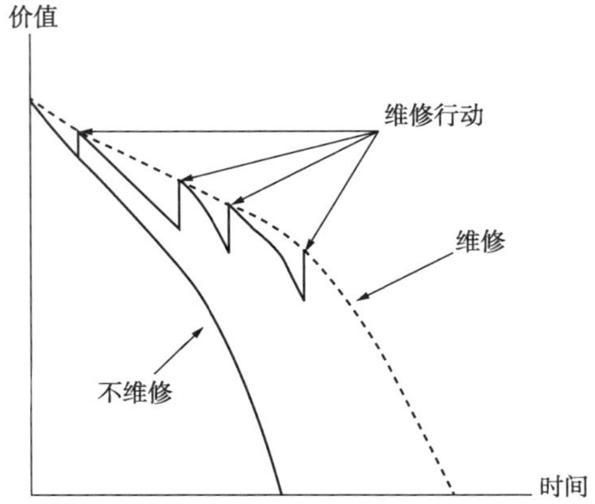

图 5.4-4　老化设备的价值、时间和预防性维护之间的关系

5.5　基础设施特定话题

第 7 章包含了管理特定类别基础设施的指导。它们通常涵盖老化资产的管理系统方面，以及支持管理工作所必需的检验。类似于工艺设备完整性管理的方法，工厂应该制定一个基础设施完整性管理指南程序。该程序应说明方案的目的和目标，确定所涵盖的资产，并提供有关资产设计和施工信息的常规指导，以及检验注意事项，包括保存记录。资产信息应包括最低适用的规范和标准、设计能力界限、土建、机械和电气图纸(视情况而定)。基础设施特定章节提供了管理系统和检验支持程序开发的更多详细信息。图 5.5-1 为老化的备用输送系统。

图 5.5-1　老化的备用输送系统

6 生命周期管理的检验和维护实践

本章介绍对老化基础设施的检验和维护（I&M）实践。资产完整性是解决基础设施资产老化风险的基本管理系统，而检验和维护对资产完整性至关重要。它建立在适用于基础设施资产的工艺设备资产完整性原则的基础上。用于老化资产的检验和维护实践只有在正式的文件化管理系统到位并得到遵守的情况下才会有效。本章介绍了这种管理系统的各个方面。图 6.1-1 为退役的老式钢厂。

图 6.1-1 退役的老式钢厂

6.1 检验和维护目标

6.1.1 愿景

对基础设施检验计划的种类以及更重要的质量愿景，是高层管理者的远虑。如果没有管理层的支持和承诺，工厂级管理人员很难取得成功，还会被挫折感所困扰。本书在第 3 章讨论了高层管理人员认同的重要性及其应该采取的形式。

建立正常卓越的文化——文化需要在业务的各个方面支持“一流”。需要授权给认识到愿景与实际差距的员工去采取行动。首先，告诉员工你在乎这件事。

如果管理层关心，员工就会关心。然而，如果管理层只是告诉员工他们关心基础设施，对企业文化的推动作用不如行动的推动作用大。如果与修复基础设施相关的项目不断被拒绝或搁置，则行动不能支持关怀文化。

6.1.2 设备预期生命周期的检验和维护承诺

为了成功，设施需要保证在它的指定预期寿命内能够维护资产。大多数情况下，这个预期寿命是40年或更长。其中包括对资产的定期检验和监控，以了解资产何时达到生命周期中的关键点，并且额外注意可能出现的严重劣化和意外失效。此外还要避免一个常见的错误，即因为马上达到预期寿命而推迟资产维护。在某些情况下，如果有大修或更换的计划和时间表，只要对资产的状况进行密切监控，这也是可行的。

6.1.3 正式全面检验、测试和预防性维护计划的实施

质量检查和维护计划需要有正式、全面的实践和程序。首先需要根据计划的预期输出设定目标。为了实现目标，制定的计划要包括实践、程序、工具和人力资源。预期的计划输出包括小规模维护、维修和需要时的定期资产更换。这样做的目的是，在必要的大修或更换之前，定期的小规模维护可以延长周期。

多年来设备的维护和检验一直是流程工业的核心活动，因此有大量的指南适用于老化基础设施的管理。包含公认的良好工程实践(RAGAGEP)的一组资料是由专业组织发布的规范和标准。此类标准由成员公司专家组成的委员会编写，并经过同行评审。因此，他们试图整合整个行业或专业的最佳实践。专门针对维护和检验活动的推荐做法(RP)包括美国石油学会(API)、美国腐蚀工程师协会(NACE)、全球腐蚀管理局和美国机械工程师学会(ASME)，适用于各类设备。第7章列出了适用于老化基础设施的实践清单。图6.1-2为老式化工厂除尘设施。

图6.1-2　老式化工厂除尘设施

6.1.4 需要合理的检验和维护实践

基于一些原因，检验和维护实践需要是合理的。其中一个重要的原因就是当基础设施老化产生故障或倒塌时，限制其造成的伤害事故的责任。这可能需要有一个健全的、记录在案的资产检验和维护计划，以应对诉讼中对故意疏忽的索赔。

第二个原因与并购有关。通常在交易最终批准之前，设施要接受尽职调查和检验，或者销售协议中会规定如果发现设备退化，允许收回资金。检验和维护的历史记录可能有助于表明资产状况得到了适当的管理，并且发现的任何缺陷都是不容易预见的。

6.1.5 老化资产管理策略

有两种解决资产老化问题的通用管理策略。

方法一是根据预测性监测确定剩余的预期寿命。这种方法在监测方面很强，并决定了后续活动，这种方法需要一个记录在案的合理计划来处理资产完整性问题。典型组成包括但不限于下列内容：

- 原始设计规范。
- 服役记录——资产事故报告、维修历史、对资产和联合设备进行的维护。
- 详细的检验计划。
- 最低限度的目视检查。
- 每个系统基于公认的良好工程实践（RAGAGEP）或失效模式和影响分析（FMECA）的方法论的严谨性。
- 金属管道腐蚀的无损检测，如超声波检测或漏磁检测。
- 对需要进行射线照相、热成像和其他无损检测位置的识别。
- 需要检查但难以进入的区域，如绝缘线路和升降机不易到达的横跨道路上方的线路。可达性不应受影响。检验策略应基于过程危害、损伤机理和故障模式。
- 监测与管道或其他结构相互影响的地面移动。

方法二是先指定一个目标预期寿命，然后通过制定计划、采取必要措施来实现这个目标。有时公用事业公司会使用这种方法，因为并非所有的劣化都可以通过检验来识别。当设备运行中产生故障可能在成本、可靠性和/或安全性方面带来不可接受的风险，并且用户不能等着设备出现故障时，应先行更换设备（SCE，2015）。例如，地下电缆的独特之处在于它无法进行目视检查。如果没有深思熟虑的更换计划，只能在发生故障时，从系统中拆除电缆（SCE，2015）。

考虑成本效益，需要收集平均磨损时间的相关数据来决定提前更换的时间，否则可能会造成过早更换。图 6.1-3 中的曲线描绘了一家公司的故障概率与电缆年限之间的关系。该数据表明，平均磨损时间约 30 年，故障频率较低。

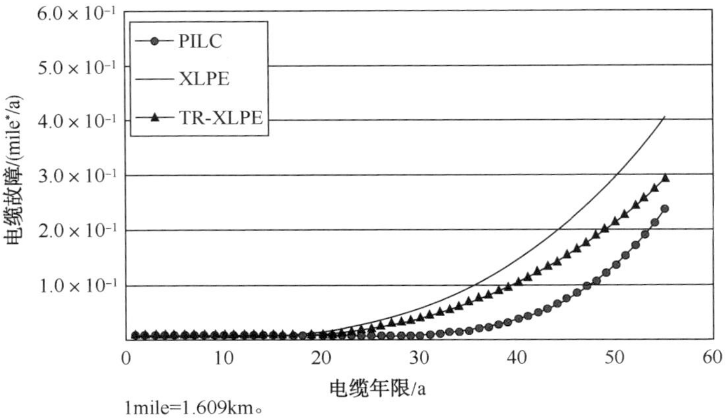

1mile=1.609km。

图 6.1-3　电缆故障率

不考虑风险，通常不会进行提前更换。这是通过评估中断记录，根据系统平均中断时间指数(SAIDI)、系统平均中断频率指数(SAIFI)、电路 SAIDI 和电路 SAIFI 等指标来识别性能最差的电路来完成的。在性能最差的电路中，确定风险最大的重要设备/基础设施进行更换。这需要保持配电资产记录，跟踪配电系统和电路可靠性，确定实际和可能的性能趋势，以便起草具有成本效益的纠正措施(SCE，2015)。

有针对性的基础设施更换计划(TIRP)对老化的公共燃气分配管道设施使用了类似的策略，其中还考虑了温室气体排放的潜在风险(PSE&G，2015)。

如上所述，方法二更具规范性，并且最初的年运营费用可能较低。然而随着预期寿命的临近，方法二可能会缺乏必要的支持，并且更容易受到大量意外维修成本的影响。

一些基础设施资产的预期寿命示例如表 6.1-1 所示。任何用户在使用这些数据前都应参考数据来源(CIDB)以知悉有关其局限性的警告说明。

表 6.1-1　部分基础设施的预期寿命

基础设施类型	年平均维护预算占更换成本的百分比	关键假设	需要特定的资本预算的超出年度维护预算的更换或大修
散装水储存	4%~8%	主要用于机电工程的定期维修、暴风雨损坏修复、日常维护和定期维护	每 30~50 年
水处理工程	4%~8%	主要用于电气和机械设备	每 20~30 年
水库	2%~3%	一般低维护主要是遥测和电气设备、暴风雨损坏修复、管道维修、安全和安保、日常维护和定期维护	每 20~30 年

续表

基础设施类型	年平均维护预算占更换成本的百分比	关键假设	需要特定的资本预算的超出年度维护预算的更换或大修
水管网	4%~8%	主要用于遥测和泵送设备、紧急泄漏修复和由于退化导致的持续泄漏修复、暴风雨损坏修复	每20~30年
污水处理工程	4%~8%	主要用于机电设备、暴风雨损坏和定期维护	每20~30年
下水管网	4%~8%	主要用于泵送设备、紧急泄漏修复和因退化而导致的持续泄漏修复、堵塞清除、暴风雨损坏修复	每20~30年
道路和雨水设施	5%~10%	主要用于紧急修复、风暴损坏修复和定期维护(每7~10年重铺一次)	每20~30年
公共建筑	4%~6%	主要用于紧急维修、暴风雨损坏维修和定期维护(例如每5~10年重新粉刷和外观改造)	每30~50年
医院	5%~8%	主要用于紧急维修、暴风雨损坏维修和定期维护(例如每3~5年重新粉刷一次，每7~10年进行一次外观和操作升级)	每20~30年
学校	4%~6%	主要用于紧急维修、暴风雨损坏维修和定期维护(例如每5~7年重新粉刷一次)	每30~50年
发电设施	5%~8%	主要用于机电设备，取决于工程的使用年限和技术	每30~50年
电力网	10%~15%	主要用于紧急维修、暴风雨损坏维修、安全和安保、日常维护和定期维护(例如每7~10年)	每20~30年

6.2 检验和维护计划要素

维护和检验是资产完整性管理系统的一部分。系统需求包括如下内容：

- 政策、规则、规范、标准、惯例和程序；
- 基于过程危害、损伤机理和故障模式的检验和维护计划；
- 缺陷管理流程，包括维修、改造、重新评级和更换的跟踪；
- 用于结果趋势分析的资产维护记录、检验和使用档案；
- 剩余寿命/适用性评价；
- 维修、检验和测试人员的培训和资格认证；

- 成功和执行质量的衡量标准；
- 审计；
- 管理结果的报告/沟通。

这些要素将在本章中进行讨论，并在第7章中进行更详细的讨论。

6.2.1 维护计划

覆盖范围。初始过程包括确定基础设施维护计划将涵盖哪些基础设施资产。通常包括公用设施和支持系统、道路、管廊和桥架、地上/地下管道和电缆、海洋设施、独立式烟囱、冷却塔、废物池、配电系统和区域照明、防火、排水、支撑结构、建筑物和地基，以及供暖、暖通和空调(HVAC)系统。

应记录目标资产的完整清单。然后根据连续性运营的风险为资产分配优先级，这是决定要执行的维护类型和范围以及频率的基础。优先排序的标准应包括处理工艺危害的风险因素，至少包括损伤机理和故障模式、安全和操作的关键性、环境影响以及更换/业务成本。

挑战。管理层有时会倾向于将基础设施成本视为麻烦，因为它和利润没有明显的直接联系。挑战就在于将重点从成本类别转移到“需要维护”类别。否则就只能在产生问题后再进行维护维修。而基础设施的故障可能导致重大损失。例如，一辆载有危险物料的卡车从路上滑落或一件易碎的货物被损坏都会严重影响业务。

一种方法是将由于缺乏适当维护导致的潜在事故的成本(例如，资产损坏、公众的干扰以及因此导致的公司形象下降和更严重的死亡)与对基础设施的持续维护计划的成本(净现值)进行比较。在资产优先级排序过程中加入对公司形象和声誉的影响标准可以帮助纳入较少可量化的风险。

另一种选择是游说将“其他”类别纳入到工厂维护计划的10年预测、年度预算、成本管理中。这样做的目的是为长期预算提供资金，用于随着资产老化可能需要的基础设施维修。

维护基础设施还可以让员工产生自豪感和主人翁意识，这具有无法量化的微妙好处。一个快乐的工人就是一个有生产力的工人。

维护必须是一个前端的项目。即使是最好的维护实践也不能抹去滥用和忽视的不良历史。使用年限和忽视对后天的设施管理是一个很大的挑战。当对一个设施的财务前景有所怀疑时，可能会倾向于避免昂贵的维护，寄希望于其未来的所有者可以接管运营并承担设备的责任。对于接收方，即使可能存在设备维护记录和档案，由于未来的不确定性，人们也不得不质疑这种维护的深度和严格性。在出售时可能无法检测到的问题包括难以检测或修复的恶化，如防火层或绝缘层下的腐蚀，弱化的支撑结构(钢和混凝土)和地下基础设施(如泄漏的下水道、化学或废水排水管，可能会造成环境影响)。

政策、实践和程序。 政策、实践和程序是构成持久管理系统基础的原则。政策是对公司目标的广泛主张，说明公司将如何开展自己的工作。对于检验和维护计划，它可能包括诸如"作为一家公司，我们不会故意操作对我们的员工、公众、环境或我们的企业构成伤害风险的设备或基础设施。"的声明。这是对所有管理层的一个提醒，一旦知道有这样的风险，就需要采取一些缓解行动。

实践包括"我们打算做什么"以实现政策目标。通常采取的形式是设施在实施管理计划时需要遵循的公司内部标准，如工艺设备和基础设施的检验和维护。该标准将描述范围(计划涵盖的内容)，设定检验和维护优先级的标准，检验和预防性维护的类型，以及采用的关联公认的良好工程实践(RAGAGEP)或公司实践，工单、维护和检查记录的信息管理系统，以及其他文件、技能和培训要求和管理报告。

如前所述，公认的良好工程实践包括已被发现对流程和其他行业中普遍存在的某些种类的完整性问题有效的共识实践。公认的良好工程实践确实存在于设施和基础设施中；然而，可能还需要制定公司/现场政策，它们是为制定健全的检验和维护计划奠定基础的良好参考。由于这些规范和最佳实践的发布者无法预测用户的设施或其基础设施中可能存在的所有情况，它们不应是监测完整性的唯一方法。还应考虑工厂和公司在类似系统上的操作经验。

最后，有书面程序用以说明负责执行计划要求的人应该如何做他们的工作。例如，以管廊的目视检查为例。首先是如何生成工单并分配给检查者。接下来检查者需要知道如何获得一份检查汇报表和说明(例如，从基于计算机的系统中复制)。然后，检查者需要查看可用的检验历史，比较管廊的当前状态与上次检查时的状态。现场检查可能需要维护部门提供对该计划资产的许可进入。在完成现场检查后，检查者将报告输入文档系统中。

然后，系统可以通知为资产指派的检验员现场检查已完成。检验员将查看报告并审查是否有问题需要处理。他/她可以联系测试员以获得更多信息。如果根据资产状况需要采取行动，检验员会决定需要做什么，是否符合正常维护费用的条件，并启动工单以启动工作。如果不需要，他/她将需要从维护经理那里得到授权，了解如何计划和安排维修工作。该程序应解释这些步骤，并包括所需表格的示例。

一个实施良好的检验和维护计划应有上述类型书面文件的层级架构，并提供计划的实质内容和预期内容。

合理且记录在案的计划。 制定一个合理的文件化计划意味着关注细节和严谨。首先要了解当前的操作，确定设备和设施是如何与之匹配的。核实自设备首次安装以来，安全操作极限和/或 IOWs 是否发生了变化以及其原因。调查是否有任何证据表明在目前条件下发生了老化。

为了实现合理的计划，需要有关于资产的设计、建造/制造、操作、维护和维修历史以及当前状况的记录信息。设计信息类别应包含原始设备或资产记录，包括工艺设计规范(如果适用)以及土木、机械和/或电气设计数据，具体取决于资产类型。其目的是确定资产生命周期的起点。对于老旧的设施，由于记录的丢失，特别是设施的所有权已经易手，这就更成问题了。在这种情况下，必须使用最早的检验测量日期来建立基线。

重要的是要记录运行历史，以了解自资产投入使用以来服役或运行条件是否发生了变化。受过程安全管理的运行设施可能有变更管理记录，但这些记录可能不包括所有基础设施资产。对于基础设施资产，维护/修理记录可以精确指出增加或更新某些内容的时间及原因。这些信息被用来把当前或未来的使用、负荷或能力条件与原始设计条件和安全操作界限进行比较。在资产生命周期的某一时刻，这种比较可以表明是否需要进行适用性评估。

维护计划文件的一个关键组成部分是预防性维护和趋势分析结果以及维修/变更/重新评级/更换记录。每个覆盖的资产都应该有一个数据库，记录所需的预防性维护制度、任务指示、执行日期以及发现和调整的任何异常情况。任务说明可以包括预防性维护(PM)的范围、类型和所需工具、时间表、资产位置和可达性信息，以及要用于记录预防性维护完成情况的所有表格。当发现日常维护无法纠正的异常情况时，系统应通知检验部门调查该项目的情况。

该系统还应该记录所有对资产进行大修或维修的日期，简要说明行动项的原因(例如，打磨和重新喷涂失效的涂层，或拆除和更换开裂和剥落的防火层)以及工单(WO)编号。关于维修的细节可以记录在工单系统中。

要记住，在未来的某天可能会要求其他人审查，比如公司的法律部门和原告的专家证人。这可能发生在出现伤亡事故时，或者在收购资产后卖方保证其适用，但后来发现有缺陷时。

基础设施的状态监测。 W. E. Demings 的经典说法“你无法控制你没有测量的东西!”对于资产完整性可以改写为“你无法管理你没有监测的东西!”这让人想起另一句老生常谈的格言：“在法律面前，无知不是借口!”

状态和性能监测对于帮助验证完整性积极主动地管理基础设施老化和潜在的

严重或灾难性事件是至关重要的。幸运的是，目前有可供工程师使用的方法和工具，可以用来帮助进行状态和性能监测。本章的下一节包括对各种类型的基础设施和失效机制技术的讨论，其中有许多无损检测方法。

绩效指标。负责实施和指导维护计划的管理人员需要回答以下问题："我们是否在按照我们所说的去做，我又如何知道?"制定合适的指标是解决这个问题的一种方式。指标需要关注两个方面：

（1）是否按计划执行了所需的维修?

（2）实施的质量如何?

下面总结了一些用于监测维护计划的典型关键绩效指标(KPI)，并简要说明了它们的用途。

预防性维修合规性(前置)。该指标用已完成的预防性维修工单与每月或每季度应完成的PM工单总数的百分比来表示。准时完成的数值高，表明维修计划和执行是有效的。(已完成的预防性维修工单/到期的预防性维护工单总数×100)

预防性维修改善维修(前置)。由于预防性维修活动而需要的纠正性维修(CM)工作与正在进行的预防性维修工作量的比率是衡量预防性维护计划有效减少维修的指标。该比率值应较低，最好是下降的。(纠正性维修工作/所有预防性维修工作)

预防性维修与所有维修(前置)。随着维修活动从故障维修转向预防性维修，预防性维修工作活动与所有维修工作活动的比例应该增加。这个概念的一个有用变量是特定资产的预防性维修活动与纠正性维修活动的比率。比率的下降表明该资产已进入其生命周期，最佳的(具有成本效益的)更换时间可能已经临近。(预防性维修工作/所有维修工作)

预防性维修工作积压的趋势(前置)。本指标的目的是管理积压的预防性维修工单。该指标是对系统中所有活动的预防性维修工单的衡量。它的历史趋势是使用工单规定的到期日期，并将其与当前日期+/-14天进行比较。利用这一准则，根据预先确定的基于日历的公式，所有活动的预防性维修工单被分为"逾期""当前"和"未来"三类，并作为时间的函数绘制出来。以图形的形式显示可以让维修经理识别不合规的趋势及待办事项审查的有效性(EUR 22602 EN，2006)。

逾期的预防性维修工作。该指标是对超过规定截止日期(即逾期)的预防性维修工单的衡量。它可以表示为每月逾期的预防性维修工单占预防性维修工单总数的百分比。或者，可以为每个逾期的预防性维修工单分配一个逾期百分比=[(当前日期-规定的截止日期)/预防性维修频率(天)]×100。然后，可以对被确

定为逾期的预防性维修工单进行排序，以确定那些逾期最严重的工单，并需要立即采取纠正措施。另一个变量是跟踪计划预防性维修工单的合规性在特定月份到期的所有预防性维修工单中所占的百分比，并与基准目标(>90%)进行比较。逾期的预防性维修工作数量高表明计划不周或工厂管理层态度不端正。

紧急维修(后置)。这是衡量维修计划健康状况的一个更具体的措施，尽管是在事后。没有人，尤其是管理层会喜欢惊喜。当紧急修复(ER)工单的百分比开始增加并超过目标基准时，就表明维护计划没有充分履行其使命。因此应进行一次审查，以确定在哪些方面以及如何改进预防性维修及检查的实践和实施。(紧急修复工单/所有维修工单×100)

2010年，美国国土安全部组织了一个研讨会，主题是老化基础设施：问题、研究和技术(US DHS，2010年)。并得出了一些关于老化基础设施衡量指标的建议。以下是其中的一些研究结果：

- 资产的关键性和脆弱性的组合可以作为优先考虑的指标。
- 在某些条件下，事件发生概率可能是一个有用的指标。
- 在建立指标时应考虑到单点失效问题。
- 风险是一个应该使用的主导指标，并被普遍定义。当作为一个优先级指标时，后果应被视为资产损失或拒绝使用，并应以公共健康/安全、社会经济影响和环境影响为基础。
- 没有可用于基础设施需求的可靠性分析，因此需要确定一种方法。
- 使用现行国家规范和标准制定相关指标。这些规范是根据严格的工程标准制定的，它们可以成为有价值且准确的优先级指标。

这些指标也对基础设施老化问题的优先级划分及解决方案提供了思路。

可审计的计划。积极主动的公司通常会对关键管理系统(如资产完整性)进行定期审计，以核实是否符合适用的法规和公司标准及实践。这些审计的主要目的是找出差距并不断地改进计划。

关于制定合理的文件化计划的章节阐述了当有良好的文件记录时，审计过程就会简化，并可以深入到实施的质量方面，而不是仅仅试图确定是否涵盖所有的计划要素。工厂受益于发现的问题更加具体和可操作，而不是简单地重复已知的差距。一般来说，当审计员可以快速获取文件和记录进行核查时，工厂人员需要的审核时间就会更少。

当工厂发生影响员工的重大事件时，监管部门通常会进行调查。一旦进入工厂，他们并不局限于只调查事件的原因。任何可能影响工作场所安全的管理系统(如资产完整性)都在调查范围之内，审计人员可能希望看到记录在案的证据，以验证是否符合法规及相关的公司标准和公认的良好工程实践。

管理报告。设施实体资产完整性是工厂和区域经理必须严肃对待并参与的。通过制定上述绩效指标要求的做法，编制关键绩效指标成为每月的例行活动。这些信息应定期汇编成执行摘要，供管理层审查(例如，工厂层面每月一次，公司层面每季度一次)。这将使高级管理层能够跟踪绩效和达到基准目标的进展情况，并在绩效趋势恶化时提出调整建议。

6.2.2 检验计划

检验是与维修并列的资产完整性管理的另一个主要支柱。在很大程度上，预防性维修是处理资产当前或短期内(到下一个到期日)状况的滞后行为。但从长远来看，检验计划可以具有前置性或前瞻性。检验与趋势相结合是预测性维修体系的一个重要特征。

俗话说，“预料你所检查的”。也就是说要设计一个检查计划来找出你认为可能发生的老化和退化类型，然后准备好去发现它。没有可见的缺陷不证明未来不会即将发生失效。要确保检查是彻底的，而不是止于表面。寻找不寻常之处！不仅要检查实体资产，还要检查人力资产，即操作员的知识、操作手册中的信息以及操作员之间如何沟通资产变更。

应在资产安装后立即启动检验和验证过程，并在其整个生命周期内持续进行。这包括建立初始基线条件和对准确记录的重视，以便对条件变化进行适当的趋势分析。

第6.2.1维修计划中讨论的大部分主题同样适用于检验。检验计划的指标会有些不同，在本节后面会讨论。

基础设施老化迹象。虽然有些老化迹象不容易看到，但资产的目视检查是一种可行的方法，至少对于地上系统的初步检查是如此。初步检查的目的是获得初步的分析信息，以评估现有资产的本体能力。这种检查通常是对资产的现场检查，以直观地评估结构部件。

目视检查要彻底，决不能仓促。准备好进行一些物理测量(例如，裂缝宽度和深度)并拍摄警示标志的照片。在这种情况下，问题可能不只停留在表面，要寻找指向潜在问题的迹象(例如，钢筋混凝土或防火材料外部的锈迹)。还可能有一些表面迹象表明地下冷却水和消防水压力管道劣化，例如潮湿或下沉的土壤。

表6.2-1和第7章中的表格提供了在执行目视检查时要注意的特定基础设施老化迹象的一些示例。

表 6.2-1 维修和检验的检查表示例

机械——泵和压缩机	是	否	不适用	备注
1. 是否有过度的填料泄漏或密封泄漏?				
2. 是否有支撑螺栓松动或基座开裂?				
3. 是否有设备防护装置松动或缺失?				
4. 是否有吱吱声或过度振动?				
5. 是否存在保护涂层劣化(如变色、起泡、开裂、剥落或溶解)或绝缘损坏?				
机械——阀门	是	否	不适用	备注
6. 任何阀门的外露阀杆是否被腐蚀?				
7. 手轮、链轮或杠杆臂是否缺失或松动?				
8. 是否有腐蚀的阀内件?				
9. 阀门位置指示器或限位开关是否弯曲、断裂或缺失?				
10. 泄压阀上的铅封是否损坏?				
11. 法兰接头或填料是否有泄漏?				
机械——管道导向和固定	是	否	不适用	备注
12. 法兰螺母、螺柱或螺栓是否缺失或未完全啮合?				
13. 是否有腐蚀污渍渗入或浸透隔热层?				
14. 管道上是否有临时悬挂的遮挡物?				
15. 是否有破裂或变形的弹性膨胀节?				
16. 是否有扎带固定或线式悬挂的管道?				
机械——管道和固定	是	否	不适用	备注
17. 观察镜是否可见?				
18. 是否有任何可见的振动?				
19. 涂层失效和接触点失效?				
20. 绝缘缺失?				
21. 进水点?				
22. 管道下沉?				
23. 是否有任何管状支撑腿(腐蚀不可见)?				
24. 是否有管托脱离支撑?				
25. 弹簧吊架是触底还是触顶?				
26. 弹簧吊架是否有任何应该去除的仪表?				
27. 是否有法兰螺母、螺柱或螺栓缺失或未完全啮合?				
28. 是否有腐蚀污渍渗入或浸透隔热层?				
29. 管道上是否有临时悬挂的遮挡物?				

续表

机械——管道和固定	是	否	不适用	备注
30. 是否有破裂或变形的弹性膨胀节?				
31. 是否有扎带固定支撑管道?				
机械——储罐	**是**	**否**	**不适用**	**备注**
32. 外浮顶排水功能是否正常? 查看储罐检验程序。				
33. 储罐通风口是否检查过且畅通无阻?				
34. 储罐基础或环壁有任何损坏吗?				
35. 阴极保护是否到位并有效?				
36. 是否有任何外壳形变或沉降迹象?				
37. 罐壁外壁或单向连接螺栓是否有腐蚀?				
38. 储罐基础是否有损坏?				
39. 围堰是否有裂缝?				
40. 靠近罐底是否有潮湿迹象?				
41. 是否有保护涂层劣化(如变色、起泡、开裂、剥落或溶解)?				

检验计划指标。关键绩效指标(KPI)用于衡量重要活动和努力的有效性,并且反映关键成功因素(例如计划)的预先确定的、可量化的指标。"具体的、可测量的、可实现的、现实的、及时的"的缩写(SMART)用于表描述一个良好 KPI 的要求。检验计划的一些典型 KPI 包括:

- 逾期的检验工单的数量;
- 逾期 30 天以上的高优先级检验的数量;
- 检验修复与计划修复的次数;
- 计划性检验计划完成的百分比。

以下 KPI 用于衡量检验计划的整体成本效益:

- 预防性检验有效性=(预防性修复工时/预防性检验工时)×100%;
- 预防性修复工时是指作为预防性检验的结果进行的修复;
- 预防性检验工时是指源于设备维护策略的工作,即计划的检验服务和检验。

这些 KPI 可以与前面章节中定义的指标相结合,作为整个维修和检验计划的衡量标准。

6.3 检验和维修计划资源

需要有合适的资源来支持维修检验计划。

- 熟练并经过认证的检查者和检验员；
- 熟练的机械/冶金工程师；
- 使用可靠检验设备的合格承包商基础(无损检验检查者)；
- 高级领导或经理支持该计划，并在必要时争取额外资金。

以下就人力资源进行介绍。

(1) 能力

员工是公司最宝贵的资产。管理基础设施资产完整性的第一道防线就是参与该计划的人员的知识和能力。首先要将人员分配到具有所需技能和经验的关键岗位。如果在维修和检验部门工作的目的是晋升到更高级管理层的领导职位，那么如果候选人还不具备所有必要的技术背景，就应该接受适当的培训。有很多管理人员被分配到一个部门工作一年左右以获得经验，然后继续其他工作的例子。这对员工来说可能是好事，但不利于部门计划的连续性。维修和检验是一项严肃的技术活动，需要知识丰富且专职的人去实施。

对于那些希望在其职业生涯中继续从事检验和维修的员工来说，有必要保持他们的能力。如果有更好的方法，请确保他们熟悉新技术和趋势，而不仅仅是做他们一直在做的事情。技术技能基础的可维护性很重要。资产完整性应该是参与运营、维修和技术支持的每个人责任的一部分。以每年一定百分比的时间为目标进行进修培训。每家公司都应设定一个合适的目标，可能的最低分配比例是5%。

最后，但同样重要的是，认识到与计划有差距的员工需要被授权采取行动、编写工单、提交损失报告并挑战现状。目的是“不要让这个地方垮掉”。另外，不要遗漏操作员。如果操作员参与状态监测(他们每班都查看资产)并负责发布工作指令，就可以对劣化的基础设施问题给予更多关注。

(2) 经过认证的检查者和检验员

如果采用 API 510 *Inspection Practices for Pressure Vessels*、RP 570 *Inspection Practices of Piping* 和 RP 653 *Inspection Practices for Above Ground Storage Tank*，检查者和检验员需要有适当的教育和多年的经验、通过考试、参加认证培训课程并每3年接受一次再认证。经认证的检验员必须每6年重新进行测试，以验证他们是否了解最新的检验规范。根据API的要求，检查者是支持检验员实际执行设备检查的现场人员。检验员有资格解释设备状况报告的结果，并建议进一步的行动，包括额外的测试、预防性维修或适用性评价。

尽管上面列出的API实践并未专门涵盖许多基础设施资产，但仍然需要合格的人员进行检验和解释结果。他们应该了解适用于被检查的基础设施类型的目视检查和其他检查方法，并使用类似前面描述的实践的做法和指南。尽管可能不存在特定设备的公认良好工程实践，但美国无损检测学会(ASNT)和其他组织有针对使用目视检查和其他检查方法的人员进行资格认证的公认良好工程实践。

这并不意味着检查者和检验员需要和拥有API证书的人不同。事实上，使用同样的人有很多好处。他们已经知道自己的工作，一些相同的原则和检验方法适用于某些资产(例如，钢结构、地基)。他们可能需要补习某些类型资产的无损检测方法，如确定钢筋和预制混凝土中钢筋的状况。需要注意的是，在由公认良好工程实践驱动的环境(如过程安全)中，经过认证的API检验员可能不愿意在没有接受其他适用的公认良好工程实践培训或认证的情况下检验其认证范围以外的设备。主要的考虑是基础设施资产包含在全面的检验和维护计划中，并被分配给合格的检验员。

(3) 维修和检验工程师

虽然基础设施资产不一定直接参与处理加工原料，但其完整性是一项需要工程师参与的技术工作。通常的工程学科包括机械、电气、土木工程和冶金。一般来说，个人会拥有一个或多个这些学科的认证学位，并通过专业协会课程获得另一个学科的足够知识。

维修和检验设备的经验也是一个重要方面。需要注意的一个隐患是如何分配新毕业的工程师。将某些新毕业的工程师分配到维修或检验部门是常见且适当的做法。但这些人的任务是什么？如何监督他们以及他们计划在该部门待多长时间等都是会遇到的问题。下面的案例研究说明了其中的一些问题。

由于大量未记录的检验报告积压，新毕业的机械工程师负责输入和审查报告，并确定是否需要进一步检验或维修。扩大检验范围通常是经过API认证的检验员的责任。这些年轻的工程师没有经过认证，也没有得到认证人员的适当监督来承担这一责任。

刚毕业的工程师参加了公司的工程师培训(EIT)计划，并且只在该部门待了几个月。因此，他们没有足够长的时间获得足够的经验或认证来精通这项工作。最后因为缺乏适当的建议来进行额外的现场检查或立即进行简单的维修以延缓老化过程，检验和维修计划的质量受到影响。由于检验和维修计划在适当的时间内没有得到经验丰富的检验员给予的必要关注，一些设备最终需要在适用性评价后进行大量维修。

(4) 承包商

检验和维修计划总是利用承包商进行维修工作和专业服务，如泵密封的预防性维护、设备清洁和采用无损检测方法的检验。然而检验和维修管理部门仍然需要负责，计划的有效性取决于最薄弱的环节。因此，可能需要监督和定期审核承包商的服务质量。

对于需要认证的承包商，就涉及需要确保他们的证书是最新的。应该由公司主管对承包商的工作进行不定期的观察。对于无损检测承包商，应该确定和审核了解设备的校准方式和时间。应告知承包商，对他们的预期是必须满足和参与检验和维修的公司员工一样的严格标准。

(5) 高级领导/经理

关于管理层树立榜样的重要性，本书和其他书中已经说了很多。例如巴顿将军(二战中著名的美军指挥官)，从各方面来看他都是一个派发艰巨任务的大师。但是，他的部队尊重他，而且为他而死。他在很大程度上散发出的一个特点就是激情。

在审核公司资产完整性计划时，有一点很重要，那就是一流的计划通常有一位拥护者，他/她对所管理的工作和组织表现出热情，并且可以将这种热情灌输给员工。他们是优秀的组织者，并通过以下方式关注细节：

- 建立健全的文档系统；
- 要求直接报告的进度反馈；
- 制定并严格应用 KPI；
- 经常向管理层报告绩效；
- 通过提供机会提高员工的知识和技能以保持一流的卓越水平，从而支持他们的员工。

总的来说，计划中很少有他们不知道的事情。通过他们的例子，向员工传递了一个信息，那就是期望无异于同样的承诺。另外，当管理层被要求为某些活动或管理系统改进项目提供额外的资源时，他们希望能有一个坚实的理由和充分的证明来让销售更加容易。

6.4 处理基础设施缺陷

让我们回到之前的说法，“预测你所检查的”。在某些时候，可能要解决的是通过简单的维护修理不能解决的缺陷。本节涉及需要对资产进行大修或更换的情况。

6.4.1 检验跟进

检验和维修计划的目的是在发现问题时进行处理，而不仅仅是记录不良结果。然而，在作出任何决定和投资修复之前，后续跟进工作都需要系统化和准确。在修复之前了解完整性问题的原因是避免其再次发生的关键。

(1) 了解操作和使用条件

当资产明显需要重大维修时，了解设备是如何达到这种状况的十分重要。这包括在记录允许的情况下回顾操作和服役历史。尤其要注意的是在服役历史中可能发生的任何变更，这些可能影响到老化过程。

对于基础设施资产，环境因素的变化可能是最重要的。以下是美国国土安全部(DHS)关于老化基础设施研讨会的摘录。

> “环境因素作为导致基础设施失效的因素，可以加剧或缩短使用年限。经常提到的影响地下基础设施的环境因素的例子包括季节性冻融循环造成的土壤运动和压力，以及地下环境中生物或化学试剂的侵害。其他与人类行为有关的环境因素包括施工干扰，如公用事业管线的意外破损(挖掘机失效)，施工后未能对其他基础设施的支撑材料进行回填，以及在冬季水管破裂可能导致的其他公用设施线路周围的结冰。由于年代久远而状况较差的基础设施更容易受到这类环境侵袭。许多其他会影响地上基础设施的环境因素与天气有关，还涉及动物和鸟类的破坏。”(美国国土安全部，2010)。

对于工艺设施环境，影响因素还可能包括排放和其他条件，如冷却塔倾斜、烃类或其他杂质的逸出和意外释放、盐雾以及其他系统失效的相互作用。这意味着调查不应只关注特定资产的操作记录，还要包括共处一地的资产的位置和维修记录以及事故报告。

(2) 汇编和分析数据

检验和维修数据是下一个重点调查的地方。从有关老化过程的数据中可以推断出什么？有哪些迹象值得关注？恶劣是逐渐发生的，还是在短期内出现了看似无法解释的增长，是否需要做进一步调查？数据中的变化是真实的还是异常的？一旦数据被汇编、核实、接受，就可以采用额外的系统性分析技术。

根原因分析(RCA)。做根原因分析的价值在于它可以发现与失效机制完全没有直接关系的主要原因。以管道或结构柱为例，发现其在保温层或防火层等覆盖物下有明显的腐蚀。我们了解其中的机制，即保温层下水的侵蚀，在有利于腐蚀的温度下，金属表面的持续潮湿加上氧气的进入导致快速腐蚀。那么，我们该怎么办？我们要确保水不会进入保温层。

但可能还有另一个基本原因导致上述状况达到了需要进行大修的程度。通过应用根原因分析，还确定了缺少针对保温层下腐蚀检验的全面准则，此外，检查员缺乏对保温层下腐蚀警告标志的认识和培训。现场检查表中没有检查保温层下腐蚀的说明。而且检验员在发现警告标志时如何进行后续检验方面的培训也不够充分。如果不解决行政管控缺陷，老化问题可能会再次出现。

根原因分析的价值之一是，它可以深入研究只关注工程管控时可能会遗漏的重点行政管控。最简单的根原因分析技术之一被称为“五个为什么”。首先要问：为什么会发生这样的事件？这通常会引出一个答案，即明显的原因。然后用第二个“为什么”来回答这个原因，以此类推，直到找到真正的根本原因。通常情况下，不需要问五次“为什么”就能找到失效的真正原因。此外还有更详细、更系统的方法，但需要一个有经验的人员来进行。在许多情况下，“五个为什么”就足够了。在排查任何问题时，使用根原因分析是得到正确的解决方案的一种很好的做法。

(3) 适用性评价(公认的良好工程实践，合规性)

不能仅仅因为事物被检验就证明它适合使用。检验结果只表明资产的状况正在发生变化。根据检验结果的严重性，最终可能需要评估资产是否适合继续使用。适用性评价(FFS)是指系统或部件在满足所有安全法规的同时能够在指定时间段结束之前提供持续可靠使用的能力。适用性评价需要确定资产是否能够在剩余的生命周期内支持原设计意图的使用。

业主/经营者有责任证明设施或单元资产是适合使用和安全运行的。反过来，这可能需要一个满足监管机构审查的全面检验。确保每个静态资产的数据可用以支持适用性评估的检验计划是最基本的，因为适用性评价是一项工程分析，需要长期的物理参数数据。

适用性评价的公认良好工程实践原则是 API 579－1/ASME FFS－1(API，2007)，这是一项综合性的行业推荐做法，可用于分析、评估和监测设备的持续运行。该标准涵盖的主要设备类型是压力容器、管道和储罐。

API 推荐做法中介绍的材料描述了包括有限元分析、材料工程和无损检测等学科在内的应力分析如何相互作用并应用于适用性评估。评估方法旨在应用于正在使用的压力容器、管道和储罐。然而，所涉及的原理一般适用于压力下并由金属建造的系统。

基础设施本身的适用性评价标准的可用性更有限，这一点在进行互联网搜索时就可以看出。原因之一是，由于基础设施类型的多样性，一种模式并不适合所有类型。一些大学正在研究特定基础设施的监测和分析模型。例如，Robert Connor 博士带领来自普渡大学 S-BRITE 中心的一组研究人员完成了对俄亥俄河谢尔曼明顿桥的系梁焊缝的适用性评估，通过一个强健的远程监测计划，在几个月内收集了构件应力、桥墩倾斜、风速和风向以及环境和钢材温度数据。

对于钢筋混凝土结构，美国混凝土协会(ACI)发布了三份关于预期寿命的出版物：

- ACI Committee 365，“Service-Life Prediction，”ACI 365.1R-00，2000
- ACI 207.3R-94：Practices for Evaluation of Concrete in Existing Massive Structures for Service Conditions，Reapproved 2008
- ACI 364.1R-07 Guide for Evaluation of Concrete Structures before Rehabilitation，2007

美国核管理委员会(NRC)也有一些关于核混凝土结构老化的出版物。

将适用性评价的标准和推荐做法视为要达到的最低标准。公司对风险的容忍度可能要求使用比适用性评价所确定的更高的安全系数。

(4) 处理缺陷

在资产生命周期的某个阶段，可能需要对资产进行修复。处理缺陷的方法包括短期修理后带病运行、长期修复或完全更换设备。

*短期修理与长期修复。*短期修理对于解决当前问题和当前业务需求可能是必要的，但不应该作为可能影响服役适用性的已知缺陷的最终补救措施。短期修理一般会导致问题在之后重新出现。这是一个延迟策略，而不是一个可持续的策略。修复的目的应该是预防失效原因和减轻失效风险。所采取的行动项应防止问题再次发生。不要走捷径。正确地做，否则就会重新再做！

如上所述，在尝试修复之前，必须要了解完整性问题。避免针对症状而不是原因作出修复。修复应解决根本原因。当整条管线存在问题并可能需要更换材料时，不要仅仅修复管线中的局部腐蚀部分。原则应该是防止复发，一次做对，否则就会重新再做！

没有正确解决永久性完整性问题的一些短期修理示例：

- 管道泄漏或管壁变薄后用夹具固定；
- 通过填缝来修复管线上撕裂的保温层，以防止进一步进水，但不去除保温层下的水分；
- 不断堵住换热管，而不去确定根本原因、更换管束、加注缓蚀剂。

在选择短期或临时修理之前，重要的是要真正了解风险并确定公司是否准备接受这种风险。如果临时修理失败，是否能接受可能的结果并准备好应对它们。临时修复失败的潜在后果是短期或更糟的业务中断、员工受伤。在这种情况下，通过维持可靠的设备和良好的记录进行长期的尽职调查应该是首选的途径。

当然，在有些情况下“临时修理”是不可避免的，例如，为了缓解紧急情况，无法及时获得适当的维护/维修材料。在这种情况下，可以接受短期修复的临时措施。当需要推迟进行紧急的永久性修复时，应该有对该期限和跟踪的限制和规则。这种情况通常是通过变更管理程序来处理的。

非侵入性行动项。在某些情况下，可以通过降低服役条件和重新评定设备等级来使资产适合使用。按照一定的要求，这种做法是允许用于压力容器的。涉及基础设施的机会可能更加有限。一个例子是：对于支撑和跨越结构，设置负荷限制(如在公路桥梁上)是可能的。限值的设定应基于利用经过验证的条件和物理数据以及公认的工程分析方法进行的技术评估。大学的机械和土木工程系是值得考虑的资源。

(5) 修复以实现合于使用

实现合于使用是修复有缺陷的老化资产的目标。如第 1 章和第 2 章所述，资产可能在功能上或物理上存在缺陷。容易出现功能老化(例如，过时)的资产包括一些电气元件、仪表和控制硬件。为这些资产实现合于使用的选择可能仅限于部分更换组件或完全更换系统(从模拟设备转为数字设备)。

对于有物理缺陷的资产，恢复到合于使用的修复应根据资产的类型和原因来决定。例如，对于腐蚀的钢支撑结构，可能包括堆焊，或添加焊接板或角撑板。易受潮气和防火层下腐蚀(CUF)影响的失效防火材料，可以拆除并替换成固定水消防系统。

对于钢筋混凝土结构和楼板，可能涉及打磨和修复裂缝，或者对于更严重的内部损坏，需要锤击混凝土、更换腐蚀钢筋以及使用耐环境侵蚀的混凝土。

修复腐蚀泄漏的非金属地下管道的长期选择可能是更换合适等级的塑料管道，或对泄漏的下水管接水位置进行扩张黏合。

最重要的考虑是，当需要维修或更换以满足 FFS 的要求时，选择一个同时解决退化原因(以避免再次发生)的方案具有总体成本效益。

修复与更换。当需要复原资产时，是修理还是更换总是要作出决定的。图 6.4-1 是一个等待更换的基础设施的示例。

美国加州理工大学的一份高级项目报告(Gage，2013)，包含了关于这个问题的一些有用的见解，首先是要考虑更换的主要理由。

“考虑更换设备一般有三个主要原因。第一个原因是设备的功能被耗尽。一个很常见的例子是油井。一旦地下不再有石油，油井就会枯竭。在某公司的案例中，这将被视为运行到失效的设备。这些都是低成本的可靠设备，如小型泵或风扇，它们要么有冗余，要么很容易被替换而且不在关键系统中。

更换设备的另一个原因是设备过时。这方面最好的例子是计算机。老式计算机比现代的计算机速度慢得多，功能也少。此外，老式计算机更难维护，因为更

图 6.4-1 等待更新(或翻新)的老式谷物升降机

换的零件和合格的技术人员更难找到。某公司的过时设备包括手动操作的加工设备。这种设备可以被计算机数字控制(CNC)设备所取代，它具有更好的工具，更高的准确度，一致的精度和更高的自动化程度。CNC 设备中的安全系统也明显优于手动操作的机器。

更换设备的最后一个原因也是最常见的原因，是由于老化而导致的劣化。任何机械设备都面临这个问题，包括汽车、飞机和自行车。对于某公司来说，这包括水管、起重机、锅炉、冷却器、通风系统、照明、高层储架入口、炉膛，以及几乎所有不符合前两个原因标准的设备类型。

即使定期维护，这些项目的维护成本最终也会超过更换成本。”(Gage, 2013)。

该研究还描述了用于更换决策的方法。为了对更换决策进行经济分析，需要考虑现有设备和任何可能的替换设备。这种分析的一个常见模型被称为防御者-挑战者模型。防御者是资产中处于运行状态的现有设备。挑战者是可以购买并安装在现场的最佳替代品。每个防御者都有一组挑战者，使用增量回报率分析这些挑战者并相互独立评估，以确定最佳挑战者。

对于防御者和挑战者之间的所有比较，在分析中都使用了预期的年费用(EUAC)。EUAC 的计算方法是将维护和更换成本分摊到设备的预期寿命中。维持时间短的设备资本价值损失较高，但维修、修复和运营成本较低。

设备维持的时间越长，每年的资本价值折旧就越低，但维修、修复和运营成本就会上升。总的 EUAC 曲线图如图 6.4-2 所示。

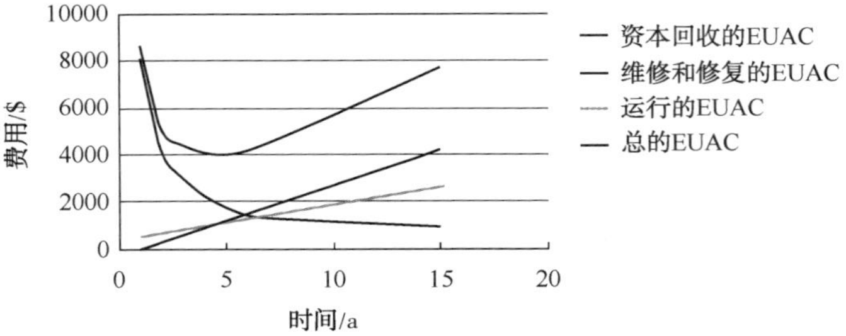

图 6.4-2　预期的年费用(EUAC)

如果防御者的成本数据是可用且其 EUAC 在减少，则在最低防御者 EUAC 和最低挑战者 EUAC 之间进行比较。如果 EUAC 增加，则在下一年度的防御者 EUAC 和最低挑战者 EUAC 之间进行比较。如果数据不可用，则使用防御者剩余使用寿命的信息进行估计(Gage，2013)。

请注意，估计资本的 EUAC 需要假定贴现率或资本成本。另外，总的 EUAC 曲线上的最低点是资产的经济使用寿命。这与更长的总使用寿命不同。

虽然生命周期成本分析是决定何时更换资产的一个重要因素，但它不是唯一应该考虑的因素。Bonneville 电力管理局使用的其他一些重要考虑因素包括：

- 资产接近或超过其预期寿命；
- 资产可靠性和失效后果构成了不可接受的风险；
- 修复/翻新成本超过资产更换的生命周期成本；
- 资产的性能不可接受，纠正性维修措施不能使性能变得可接受；
- 需要额外的资产能力，且更换的设备可以提供；
- 现有设备技术陈旧，备件昂贵或难以获得，难以找到合适的维修和保养技术；
- 现有设备构成了不可接受的安全风险、健康风险或环境风险，并且降低风险的成本超过了资产生命周期的更换成本(BPA，2014)。

7 特定老化资产完整性管理实践

7.1 结构型资产

本章介绍了结构型基础设施资产生命周期管理的具体方面。资产组别包括基础、钢结构和钢筋混凝土结构、管廊和桥架。第5章描述了掌握关于资产的良好知识和信息的重要性，并在此基础上制定全面的生命周期完整性管理计划。每个资产组子类别都提供了所需资产信息的列表，总结资产劣化的警告信号。本章列出类似行业基础设施检验和维修的可用标准和推荐做法。

7.1.1 结构基础

本节介绍非工艺建筑以外的结构基础，包括工艺设备、工艺设备结构、管廊和管桥等的基础。

(1) 资产信息

以下是一些与工业基础有关的典型信息。

法规

- 公司标准/实践；
- 美国混凝土协会(ACI)；
- 美国钢结构设计协会(AISC-Seismic)；
- 工程承包商标准；
- 美国材料与试验协会(ASTM)。

设计信息

- 土壤分析与承载力；
- 打桩系统；
- 混凝土成分规格及测试要求；
- 钢筋规格；
- 特定基础设计荷载；
- 基础荷载类型(静态、动态、倾覆)；

- 抗震设计标准。

图纸

- 总平面和布局图；
- 土木工程；
- 加固细节。

其他

- 更改和修复历史；
- 支撑结构使用的变更历史。

(2) 老化警示信号

以下提供了一些老化结构基础的可能有效的警示信号。

- 尾矿库堤坝基础蠕变导致的潜在破坏可能；
- 高负荷和振动造成的结构蠕变导致的管廊和桥架支撑混凝土开裂；
- 地下水位变化、沉洞等导致的地基破坏；
- 过大的动荷载导致的地基破坏；
- 表面着色指示钢筋腐蚀；
- 环境损伤导致的剥落或粉化；
- 冻胀导致的裂缝(如低温储罐基础)；
- 储罐基础沉降或变形(底板接缝可能破坏或失效)。

基础失效的原因有很多。下面列出了6个主要原因：

① 土壤类型——尤其是膨胀黏土；
② 填充材料压实不良；
③ 边坡失稳，物质坡移；
④ 侵蚀；
⑤ 施工不良；
⑥ 蒸腾作用。

土壤类型——尤其是膨胀黏土。 常见的膨胀黏土能吸收大量的水分，可以膨胀数倍，这种程度的膨胀所产生的压力可以轻易地举起或“抬高”大多数住宅大小的建筑地基。土壤在潮湿时膨胀，在干燥时收缩，可造成上下运动，这种上下运动称为不均匀沉降。建筑的结构完整性可通过为地基提供支撑来维持。

填充材料压实不良。 如果地块上的填充材料没有足够的压实来支撑上面结构的质量，就会出现地基问题。问题可能来自于不同类填充材料的混合，或者填充材料压实不良，或者两者都有。

边坡失稳，物质坡移。 地质学家用“物质坡移”这个术语来描述地面的下移

运动。它可能是缓慢的"蠕变"，也可能是突然的"滑坡"。这里使用的边坡失稳是指"蠕变"。

基础可以作为"蠕变"的保护，但由于重力十分强大，除非基础是专门设计来阻止边坡失稳的，否则在暴露于边坡失稳的地方，蠕变仍然是一个问题。

侵蚀。侵蚀可能是造成沉降问题最直接的原因。它可能源自不良的排水，不受控制的水流或缺乏地面植被。如果没有及早发现，侵蚀会消磨地基周围的土壤，进而需要重新加固。图 7.1-1 中的建筑在地基的最低角落出现了一条宽裂缝。其位于山坡上，房子的另一边有一个排水区域，导致侵蚀和蠕变。

图 7.1-1　出现裂缝的建筑

施工不良。许多司法管辖区和社区现在的建筑法规要求在施工之前和期间进行土壤测试和工程师认证；因此，施工不良导致地基失效的可能性不大。

蒸腾作用。蒸腾作用是植物从土壤中除去水分的过程。在夏季，树木从土壤中吸收水分会加速土壤在炎热的夏季的收缩。土壤的膨胀和收缩破坏了地基。它会加剧土壤上述类型的问题。

土壤下有着许多活动，往往从地表是无法观测的。因此，通过持续监测和定期检查及早发现地基薄弱的迹象是极其重要的。

7.1.2　支撑结构

本部分介绍了设备的支撑结构。支撑结构可以是钢框架(见图 7.1-2)，或钢筋混凝土结构。防火保温层通常安装于钢结构下部，避免其在火灾时弱化或倒塌。

(1) 设备支撑信息

以下是有关工业用钢和钢筋混凝土结构的一些典型信息：

法规和标准

- 美国钢结构设计协会(AISC)；
- 美国土木工程师协会(ASCE)；
- 国际规范委员会(ICC)；
- 美国混凝土协会(ACI)；
- 美国土木工程师协会(ASCE)；
- 美国机械工程师学会(ASME)[钢筋混凝土板]；

图 7.1-2　原始的结构支撑

- 美国石油学会(API)出版物 2218-Fireproofing Practices in Petroleum and Petrochemical Processing Plants;
- API RP 583, Corrosion Under Insulation and Fireproofing(API, 2014)。

设计信息

- 支撑清单和安装日期;
- 设备质量(含装满水的容器);
- 荷载能力要求;
- 设计计算;
- 抗震设计标准。

图纸

- 结构平面图和立面图;
- 楼层布局;
- 基础细节(如果没有在其他地方提到)。

其他

- 更改和修复历史;
- 支撑结构荷载或使用的变更历史。

(2) 设备支撑老化警示信号

防火层

- 防火层受潮破坏或渗入,以及循环冻融导致的开裂。机械冲击或消防水射流的力量可以破坏损伤的防火材料,使裸露的钢材容易受到火焰直接冲击而失效。

- 剥落或开裂的防火材料，导致潮气进入以及防火层下腐蚀。
- 防火层下腐蚀(CUF)可能多年未被发现。图 7.1-3 显示了一个球罐，在充满水做压力试验时倒塌。据悉，支腿处的防火层下腐蚀是造成该事件的一个因素。
- 由于固有的工艺危害造成的环境腐蚀。

图 7.1-3　液化石油气(LPG)球罐在水压试验时倒塌

钢结构

- 旧工厂先前工艺排放对钢结构的环境腐蚀(如炭黑和腐蚀性尾气)。
- 长期闲置或停用钢结构的环境腐蚀。
- 工厂使用的涂层失效(起泡、点蚀)，导致潮气直接接触到结构。
- 地面土壤腐蚀。
- 平台格栅板松动或腐蚀(从高空坠落导致操作人员严重受伤)。应考虑在操作员巡检期间进行检查，识别问题。

钢筋混凝土

- 劣化表现为在暴露表面的视觉指示或不连续性，包括裂缝、裂缝分布和宽度。
- 裂纹问题，如风化、锈斑、剥落。
- 周边结构的不均匀沉降。

7.1.3　管道系统、管廊和桥架

(1) 管廊和桥架信息

法规和标准

设备支撑所列的大多数规范和标准都适用于管廊和桥架。

设计信息

- 管廊清单及安装日期；
- 管路质量（含充满水）；
- 荷载能力要求；
- 设计计算；
- 抗震设计标准。

图纸

- 结构平面图和立面图；
- 基础细节（如果没有在其他地方提到）。

其他

- 维修计划记录；
- 更改和修复历史；
- 支撑结构荷载或使用的变更历史。

（2）管廊和桥架警示信号

支撑结构警示信号适用于管道支撑。此外，对于管廊和桥架存在以下情况：

- 管道支撑吊架/支架错位/损坏；
- 运行过程中管道过度移动（振动/推力）；
- 缺乏膨胀/收缩以减少管道、阀门和连接处的应力；
- 管道连接处泄漏；
- 螺栓把紧不足；
- 车辆撞击的痕迹包括钢材划痕或凹坑和混凝土损坏；
- 结构蠕变表明高负荷和/或振动。

7.1.4 建筑物

首先，工厂应编制检验计划涵盖的所有建筑物的清单。建筑物清单应汇总有用的信息，如建筑物类型、位置、建成年份、用途、入住情况、电气分类、通风和防火系统。清单上还应列出负责建筑物维护的部门。

下一步是根据潜在风险按安全性和操作重要性对列表进行优先排序。重要性排名的目的是帮助将资源分配到能够最大限度地降低风险的地方。如果资产信息错误或缺失（不罕见），它将在编制文档时确定应该首先处理哪些资产。图7.1-4～图7.1-6显示了一些建筑物的老化影响。

图 7.1-4　化工厂外墙显示严重劣化的迹象

图 7.1-5　建筑呈现老化迹象

图 7.1-6　老化的化学品料仓

以下是有关工业建筑的一些典型信息：

（1）建筑物信息

法规

- 国际建筑规范（IBC）；
- 国际机械规范（IMC）；
- 美国国家电气规范（NEC）；
- 美国消防协会（NFPA）标准；
- 美国采暖、制冷和空调工程师学会（ASHRAE）标准；
- 空气流通与控制协会（AMCA）标准；
- 依据司法其他可能适用的标准。

设计信息

- 结构荷载（设备、屋顶、风、侧向冲击）；
- 通风率；
- 额定喷淋水量；
- 最大入住率。

图纸

- 土建和结构；
- 楼层布置；
- 电气分类；
- 消防系统；
- 电气布线；
- 暖通空调系统；
- 气体、烟雾和火灾探测。

其他

- 更改和修复历史；
- 服役变更历史；
- 火灾或损伤历史。

任何已执行的检验计划或定期维修或其他状态监测活动的简要记录应根据相关的维修/检验程序的要求进行保存。

（2）建筑物老化警示信号

本文还提供了一些建筑物老化可能有效的警示信号。消防组织可以敏锐地注意到结构不稳定的建筑物的警示信号，因为他们的生命可能处于危险之中。以下是一些建筑物老化严重的警示信号：

- 砂浆缝和砖石的劣化；
- 裂缝；
- 建筑修复的标志；
- 大的无支撑跨距；
- 隆起和弯曲的墙壁；
- 下沉的地板、天花板和横梁；
- 柔软或海绵状的基础；
- 明显的吱吱声；
- 工程木材、桁架接头和钉板状况不佳。

可以通过监测墙壁、门、窗和通道的开口来检测建筑物移动的迹象。它们是正方形吗？门还合适吗？能关闭它们吗？窗户是否无缘无故裂开？窗框是方形的吗？如果不是，那建筑物可能正在移动。

纽约哈莱姆区的一处公寓部分倒塌，造成3人死亡，原因是持续的水灾。这栋楼的前租户透露，地下室已经处于水淹几个月了。水从墙壁中渗出，最终倒塌。墙壁上的一个大裂缝，严重倾斜的地板，地板和支撑它们的墙壁之间的缝隙，都是造成倒塌的因素。水从一根大管子里流出来，这根管子穿过倒塌的墙进入大楼，使得水从墙里渗出来。建筑行业人士认为，水通常是造成老旧建筑结构损坏的罪魁祸首，因为水可以侵蚀石头之间的砂浆和墙下的泥土。（纽约时报，1995）

7.1.5 检验和维修公认的良好工程实践

维修和检验公认的良好工程实践。 第6章阐述了通过使用维修和检验实践，开发和实施针对老化资产的生命周期完整性管理计划。虽然有许多传统工艺设备检验的推荐实践和指南，但那些针对基础设施资产的实践和指南很少，来自与过程工业关联较少的组织。然而，也有一些来自其他行业，如电力、核能和交通运输业，以及API和ASCE等专业组织的推荐做法和指南，为化工厂基础设施提供了类比。表7.1-1列出了基础设施类型和用于检验的类似的公认良好工程实践。

检查清单。 如第6章所述，资产目视检查是一种可行的方法，至少对于地上系统的初步检查是可行的。初步检查的目的是获取初步的分析信息，以评估现有资产的本体能力。这种检查通常是对资产进行巡查，目测评估结构组件。表7.1-2提供了一些基础设施老化迹象的例子，以便在进行目视检查时参考。

表 7.1-1 类似的结构检验实践

基础设施类型	类似的行业	实践和导则
界区外(OSBL)互连管道	石油炼制	API 570, *Piping Inspection Code: Inspection, Repair, Alteration, and Rerating of In-service Piping ystems* API RP 574 *Inspection Practices for Piping System Components* API RP583 *Corrosion Under Insulation and Fireproofing* API Recommended Practice 580, *Risk-Based Inspection*
钢支撑结构	电力传输	ASCE Conference, *Electrical Transmission and Substation Structures 2015: Best Practices for Transmission Line Inspections and Recommended Inspection Techniques* NACE SP0415-2015/IEEE Std. 1895, "*NACE/IEEE Joint Standard Practice for Below-Grade Inspection and Assessment of Corrosion on Steel Transmission, Distribution, and Substation Structures*" NACE SP0315-2015/IEEE Std. 1835, "*NACE/IEEE Joint Standard Practice for Atmospheric (Above Grade) Corrosion Control of Existing Electric Transmission, Distribution, and Substation Structures by Coating Systems*"
地基	电力传输	ASCE, Electrical Transmission and Substation Structures 2015: *Deep Foundations-Combining Construction Methods, Engineering, Inspection, and Testing*
管桥和支架	公路运输	American Association of State Highway Transportation Officials (AASHTO), *Manual for Bridge Element Inspection, 1st Edition, with 2015 Interim Revisions*
钢筋混凝土管道	交通、土木工程	Federal Highway Administration (FHWA), *Culvert Inspection Manual* ASCE Conference Pipelines 2009: Infrastructure's Hidden Assets: *Unmanned RFTC Inspection of Large Diameter Pipe*

如果没有检查记录，应根据第 4 章中讨论的风险和结构使用年限确定要检查的结构清单的优先级。应制定初次检查的时间表。

表 7.1-2 结构资产检查表示例

A——建筑和土木结构	是	否	不适用	备注
(1) 表面是否有磨损，缺失保护涂层的区域是否显示出羽状边缘?	□	□	□	
(2) 墙体、梁或支撑混凝土结构是否有开裂、裂缝或露出骨料?	□	□	□	
(3) 支撑结构是否有裸露的混凝土钢筋或锈迹?	□	□	□	
(4) 弹性密封剂、填缝剂或垫片是否有开裂或变形?	□	□	□	
(5) 施工接缝或管道接头是否错位，门是否错位?	□	□	□	
B——钢支撑结构	**是**	**否**	**不适用**	**备注**
(6) 表面是否有腐蚀损伤和腐蚀产物的堆积?	□	□	□	
(7) 防护涂层是否有裂纹或起泡?	□	□	□	
(8) 地脚螺栓是否松动?	□	□	□	
(9) 螺栓是否有腐蚀?	□	□	□	
(10) 包括防火涂料在内的防护涂层是否出现起泡或剥落?	□	□	□	
C——土木基础	**是**	**否**	**不适用**	**备注**
(11) 是否有沉降、裂缝或不平整的迹象?	□	□	□	
(12) 地基附近的土壤是否被侵蚀或下沉?	□	□	□	
(13) 是否有冻融循环引起的隆起、裂缝、不平整的迹象?	□	□	□	

7.2 配电和控制

本节将介绍支持配电系统和控制的老化基础设施的标准和实践。

7.2.1 电气系统

(1) 电气系统信息

以下是一些应进行汇编的有关工业电力系统的典型信息：

法规和标准

- 美国消防协会(NFPA)；
- 美国国家电气规范(NEC-70)；
- 电气与电子工程师协会(IEEE)3000 Standards Collection for Industrial and Commercial Power Systems；
- 美国电气承包商协会(NECA)；
- 美国国家电气安装标准(NEIS)；
- 国际电气测试协会(NETA)MST-2001。

设计信息

- 设备清单，包括安装日期、制造和额定值；
- 元件及线材规格；
- 负荷中心要求的系统负载/电力需求；
- 应急发电机规格和负载；
- 不间断电源(UPS)负载。

图纸

- 电气单线图；
- 地下电缆路由；
- 应急发电机；
- 变压器；
- 区域电气分类。

其他

- 制造商的维修手册；
- 维修计划记录；
- 更改和修复历史；
- 电气负荷或使用变更历史。

(2) 电气系统检验

电气基础设施检验实践的示例如表 7.2-1 所示。在维护和检验活动中使用检查表以确保检查彻底。表 7.2-2 是电气基础设施的检查表示例。

表 7.2-1　电气基础设施检验实践

基础设施类型	类似的行业	实践和导则
电气设备	电力和公用工程	NFPA *70B*, *Recommended Practice for Electrical Equipment Maintenance.* *FM Global's Loss Prevention Data Sheets* InterNational Electrical Testing Association (NETA) MTS-2001, *Maintenance Testing Specification for Electrical Power Distribution Equipment and Systems.* Infraspection Institute, *Standard for Infrared Inspection of Electrical Systems and Rotating Equipment.* ASTM, *E 1934 Standard Guide for Examining Electrical and Mechanical Equipment with Infrared Thermography.* Danish Technology Institute, *TTCTRAN. 015 Guideline for Thermographic Inspection in Electrical Installations.*

表 7.2-2 电气系统检查表示例

电气——电缆和导管	是	否	不适用	备注
(1) 电伴热绝缘是否有裂纹或外露电线?	□	□	□	
(2) 柔性导管是否有破损或弯曲过紧，刚性导管是否破损或损坏，导管接头是否松动或损坏?	□	□	□	
(3) 终端或拉线盒/夹具盖是否有缺失或损坏，电缆桥架部分是否松动或损坏，环境密封件是否松动、腐蚀或损坏?	□	□	□	
(4) 电缆桥架中的电缆退出处或电缆进入导管入口处是否缺少衬垫、导缆器、喇叭口或套管?	□	□	□	
(5) 电缆和其他电气设备所在区域的环境温度和湿度是否升高?	□	□	□	
(6) 电气人孔内是否有锈蚀紧固件? 人孔壁上是否有水痕?	□	□	□	
电气——电机	**是**	**否**	**不适用**	**备注**
(7) 地脚螺栓和灌浆是否有扰动或松动，机壳底部焊缝是否开裂，机壳触碰时是否有振动?	□	□	□	
(8) 电机轴承座是否有油脂泄漏?	□	□	□	
(9) 是否有高分贝的噪声?	□	□	□	
(10) 是否有烧焦的气味或绝缘材料烧焦的迹象?	□	□	□	
(11) 外壳上是否有油漆变色的迹象?	□	□	□	
电气——断路器和开关	**是**	**否**	**不适用**	**备注**
(12) 断路器的表面摸起来是暖的还是热的?	□	□	□	
(13) 切换时是否有嗡嗡声或噼啪声?	□	□	□	
(14) 电气端子是否有腐蚀的迹象?	□	□	□	
(15) 是否有烧焦的气味或绝缘材料烧焦的迹象?	□	□	□	
(16) 是否有导体绝缘变色/开裂的迹象?	□	□	□	
(17) 是否所有的指示灯都能正常工作?	□	□	□	
(18) 电气室/区域是否干净、凉爽、密封、干燥和无杂物?	□	□	□	
(19) 电气设备周围是否有超过 5ft(1.5m)的可燃物存储?	□	□	□	
(20) 是否有以前(或现在)漏水进入房间或建筑物的证据?	□	□	□	
(21) 电气室是否根据操作环境进行温度控制?	□	□	□	
(22) 电气室是否处于正压状态以防止污染物进入房间(如有需要)?	□	□	□	
(23) 室外电气柜/间防水和污染物是否严密?	□	□	□	
(24) 电气设备外壳是否有过度腐蚀或曾经漏水的迹象?	□	□	□	
电气——接地和连接	**是**	**否**	**不适用**	**备注**
(25) 是否有任何连接松动?	□	□	□	
(26) 连接处是否有明显腐蚀?	□	□	□	
(27) 电线是否有明显的损坏?	□	□	□	

续表

电池系统	是	否	不适用	备注
(28) 电池间是否干净、凉爽、密封、干燥、无杂物?	□	□	□	
(29) 电池端子连接是否被腐蚀?	□	□	□	
(30) 电池支撑架是否被腐蚀?	□	□	□	
(31) 电池充电器是否工作正常?	□	□	□	

热扫描是电气元件常用检测技术之一，此外还有其他固体介电和功能测试，以验证电气设备的完整性。这种技术可以识别由于高电阻或高电流而导致的电气元件过热。

电气元件过热可能是由于失去连接、过载电路，或相位不平衡。

承包商或经过培训的内部电气技术人员通常使用专门设备进行年度热扫描。根据设备条件，热扫描一般每 1~3 年完成一次。为了对无法打开检查的电气开关柜进行红外线检查，可以在电气柜内安装专门设计的观察口。

图 7.2-1~图 7.2-6 显示了一些热扫描图像，指出了需要纠正的问题。

图 7.2-1　苯酚装置电机控制中心(MCC)热扫描-照片 1

图 7.2-2 苯酚装置电机控制中心(MCC)热扫描-照片 2

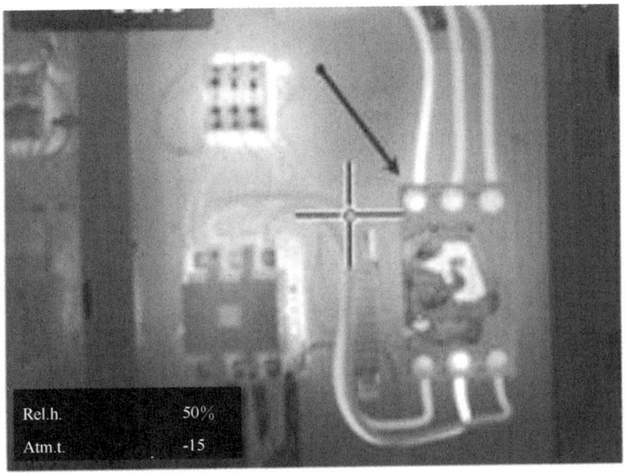

图 7.2-3 热成像图像显示热端子

图 7.2-4　照明面板断路器触点损坏

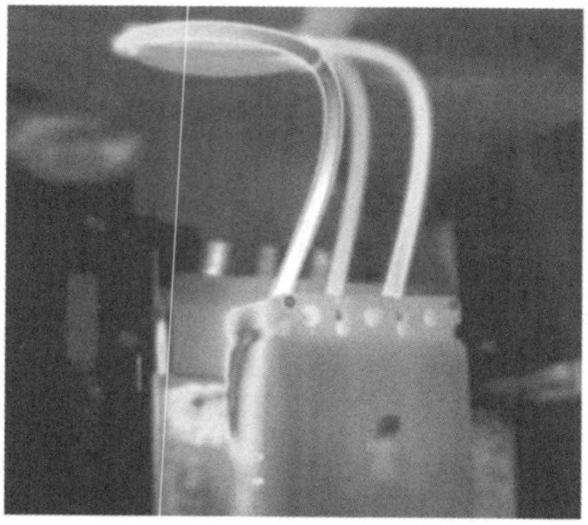

图 7.2-5　三相断路器上的 A 相松动和可能的不平衡负载

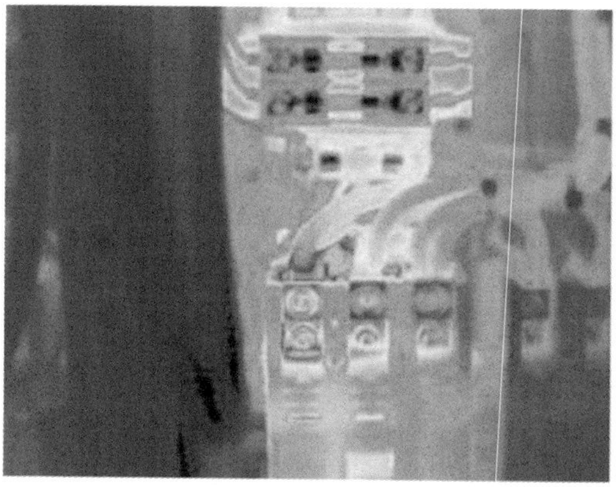

图 7.2-6　双速电机触点的 A 相连接松动

验证变压器完整性的测试可以包括对变压器油的溶解气体分析，测试各种气体和条件，作为内部损坏机制的指标，包括电弧和过热。除了其他固体介电测试，还包括功率因数和绝缘电阻测试。

除了目视检查外，检查接地系统的电阻和连接系统的连续性是监测性能的两种常用方法。

其他推荐的检查方法请参考表 7.2-1 中引用的标准。

(3) 电气系统老化警示信号

在潜在的灾难性故障之前，通常会有警示信号。下面列出了一些电气基础设施老化后出现的警示信号的例子。

- 变压器箱振动表明铁芯和绕组松动，压板因受潮或受热变质可能引起收缩和松动。为了使变压器能够承受包括重载条件下的故障或开关浪涌，铁芯和绕组必须被牢固地堵塞和夹紧。

- 到达变压器箱壁的声音表明局部放电(PD)。局部放电引起的绝缘击穿可能会危及变压器寿命。
- 电线绝缘层磨损或开裂。
- 变压器、电机控制中心和断路器过热。
- Ⅱ类(可燃粉尘)环境中的非密封电气箱。
- 在黑暗或暴雨期间观察到频繁的电弧现象，表明高架输电线上的电气元件劣化(如陶瓷套管)。

在20世纪50年代之前，电线是用硬橡胶或不导电的布包裹绝缘的。一些商业建筑(包括化工厂和仓库)内的旧电线采用了一种由旋钮和管子组成的系统，将热引线与可燃材料(如木材)分开。这项技术早就过时了。现在规范要求导管或PVC绝缘电缆。它们对热和湿气不太敏感。

旧建筑内的老式电线容易短路，可能导致电力故障或火灾。随着旧的绝缘材料老化，它们往往会干燥或开裂，并可能失去绝缘性能。最容易的解决方案是对系统进行改造或更换。然而，这可能会带来额外的问题，如霉菌或墙壁内的石棉暴露。必须考虑采用一种全面和综合的方法来改造建筑内电气系统。必须考虑周全，以免出现意外。

图7.2-7显示了20世纪60年代变电站的一些中压(15kV)室内开放开关柜。注意，前面的木栅只有5ft(1.524m)高，这使得工作人员能够接触到带电的部件。侧隔板不是完全封闭的，不能到达隔间的顶部。虽然没有安全法规规定变电站的布局要求，但目前这种开放技术已不再使用，故使得图7.2-7中的设施过时。

图7.2-7 中压(15kV)室内开关柜

中压开关设备目前分为金属封闭、金属包层、抗电弧或GIS(气体绝缘)。这种老旧的开放技术在农村的户外装置中仍然会遇到，但在现代变电站中已经完全淘汰了。照片中设施的任何变更或修改都可能引发重大劣化。

7.2.2 控制系统

过程控制系统的主要问题是功能老化或过时。由于缺乏备件，设备难以维护，并且经常无法使用。支持过程控制系统的基础设施，如不间断电源、仪表空气和应急电源，也可能遇到老化问题。

(1) 控制系统基础设施信息

规范、标准和实践

- NFPA 72 National Fire Alarm and Signaling Code(UPS);
- NFPA 111 Storage of Electrical Energy;
- 美国国家标准学会(ANSI)/美国仪器学会(ISA), ANSI/ISA 7 Quality Standard for Instrument Air;
- NFPA 110 Emergency and Standby Power Systems;
- CCPS Safe Automation Guidelines(2016)。

设计信息

- 标准设备清单和安装日期;
- 负载设计基础;
- 连接负载;
- 仪表空气设计条件(压力、露点、润滑油);
- 仪表空气设备规格和冗余;
- 不间断电源的容量基础和连接负载。

图纸

- 管道和仪表流程图(P&ID);
- UPS 电气单线图;
- 应急电源 P&ID。

其他

- 制造商的维修手册;
- 法定(国家强制)储气罐检验报告;
- 维修和测试实践;
- 更改和修复记录;
- 历史事件。

(2) 控制系统基础设施检验

表 7.2-3 列出了控制系统基础设施的检验实践示例。

表 7.2-3 控制系统基础设施检验实践

基础设施类型	类似的行业	实践和导则
控制系统基础设施	核能、环境、军事、能源	US Army Technical Manual TM 5-697, *Commissioning of Mechanical Systems for Command, Control, Communications, Computer, mIntelligence, Surveillance, and Reconnaissancen (C4isr) Facilities*, Headquarters, Department ofnThe Army, 2006. NUREG/CR-5419 *Aging Assessment of Instrument Air Systems in Nuclear Power Plants*, Brookhaven National Laboratory, 1990. QA Handbook Vol Ⅱ, Section 11.0, *Instrument Equipment Testing, Inspection and Maintenance*, 2008. DOE, *Office of Industrial Technology, Maintenance of Compressed Air Systems for Peak Performance*, Fact Sheet #5, 1998. *Maintenance for UPS Systems*, http://electricalengineering-portal.com/maintenance-for-upssystems, 2010

(3) 控制系统基础设施警示信号

仪表空气设施

- 断电时性能不佳;
- 寒冷天气(湿仪表空气)时性能不佳;
- 气动元件性能不佳(仪表空气含油量低);
- 仪表空气故障事件增加。

不间断电源设施

不间断电源的一些干扰原因如表 7.2-4 所示,这些干扰原因可能导致系统关机、计算机和电路板损坏、元器件加速老化或应力击穿。

仪表

对于监测仪器,美国环境保护署(EPA)估计大多数监测仪器的使用寿命为 7 年,而更永久类型的设备(仪表管架、仪表保护罩等)的使用寿命略长。参与监测的组织可以延长设备的寿命,但这样做可能产生额外的停机、更多维护和更大的数据失效可能性的风险,同时失去更新的技术、更好的灵敏度/稳定性和更好的信息管理技术的机会(EPA, 2008)。

表 7.2-4　不间断电源干扰原因列表

干　扰	特　征	主要原因
高频瞬变	突然、巨大、非常短的电压跳变	类似于电压尖峰； 大气现象(闪电)、静电放电和电网切换
短持续时间	<1μs； 在几十兆赫兹频率下，振幅<1～2kV	小型感性负载起动，低压继电器和接触器重复开、关
中等持续时间	≤100μs； 峰值为额定值 8～10 倍，可达几兆赫	故障(雷电)或高压开关通过电磁耦合传输到低压系统
长持续时间	>100μs； 峰值为额定值 5～6 倍，高达几百 MHz	感性负载停机或高压故障通过电磁耦合传输到低压系统

资料来源：施耐德电气(施耐德，2012)。

7.3　土方工程：道路、蓄水池和铁路

7.3.1　道路

(1) 道路建设信息

以下是一些应该加以汇编的有关道路系统的典型信息：

法规和标准

道路通常由业主公司负责，包括施工、维修和修复。道路建设有大量的标准规范，包括美国交通运输部(SDOT)。下面提供了一些示例：

- 联邦公路项目的道路和桥梁标准规范，美国交通部，联邦公路管理局，FP-14，2014；
- 各种标准规范(如骨料、沥青混合料、水泥)，美国国家公路运输官员协会(AASHTO)；
- 各种标准规范(如骨料、沥青混合料分析、沥青)，美国材料与试验协会(ASTM)；
- 公路、街道和桥梁建设标准规范，得克萨斯交通部，2014；
- 标准规格，加利福尼亚州，加利福尼亚州交通局，交通部，2015；

- 公路设计手册，加州运输局，2006 年第 6 版加上修订的变化。

设计信息

- 骨料规格；
- 沥青或混凝土规格；
- 地下的准备；
- 负载重量限制；
- 排水设计细节。

图纸

- 显示道路布局的平面图；
- 道路施工细节剖面图；
- 暴风雨排水系统。

其他

- 更改和重铺/修复历史；
- 事故历史。

（2）道路检验

许多州的运输部门和机构都有维修检验指南。表 7.3-1 列出了一些国际道路基础设施检验规范的实例。

在维护和检验活动中使用检查表是确保检查彻底的良好做法。表 7.3-2 是道路基础设施检查表示例。

虽然没有具体的检验频率要求，但道路质量应该每年检查一次。春季检验是识别地面冻结或解冻造成的问题的最佳时机。

表 7.3-1　道路基础设施检验规程

基础设施类型	类似的行业	实践和导则
道路和高速公路	联邦和州机构	*Road Safety Inspections*, Road infrastructure safety protection-coreresearch. and development, Increasing safety and reliability for surface transport (RIPCORD-iSEREST), Work package 5, EU, 2005. *Road Safety Inspections Guidelines and Checklists*, Tallinn University of Technology, Lithuanian Road Administration, European Regional Development Fund, 2012

表 7.3-2 道路维修及检验检查表示例

道路——弹性路面	是	否	不适用	备注
(1) 是否有>0.5in* 宽的纵向或横向裂缝?	□	□	□	
(2) 在双向车道表面是否有>10%的龟裂?	□	□	□	
(3) 车轮的车辙是否深达 0.5in?	□	□	□	
(4) 是否有块状开裂>20%?	□	□	□	
(5) 是否有明显的凹坑?	□	□	□	
(6) 是否有表面风化和剥落现象?	□	□	□	
(7) 是否有劣化的边缘开裂?	□	□	□	
(8) 是否有重大的修补?	□	□	□	
(9) 是否有排水不良的区域?	□	□	□	
公路——混凝土	**是**	**否**	**不适用**	**备注**
(10) 纵向或横向接缝 2in 内是否有剥落?	□	□	□	
(11) 每 $1000ft^2$ 路面是否有>50ft** 的纵向裂缝?	□	□	□	
(12) 是否有劣化的错台修补(断裂或沉降)?	□	□	□	
(13) 是否有 D 形开裂(由冻融膨胀引起)?	□	□	□	
(14) 接缝或裂缝处是否有断层(隆起)?	□	□	□	
(15) 是否有破碎的石板(由超载或支撑不足造成的交叉裂缝,将路面分成 4 块或更多)	□	□	□	
公路——混凝土	**是**	**否**	**不适用**	**备注**
(16) 横向接缝处是否有接缝密封胶损坏(包括挤压、硬化、黏结失效(失去黏结)、黏结失效(开裂)或密封胶完全失效。接缝处杂草生长也是接缝密封损坏的迹象)?	□	□	□	
(17) 是否有排水不良的区域?	□	□	□	

* 1in = 25.4mm

** 1ft = 304.8mm

(3) 道路老化警示信号

在潜在的灾难性故障之前,通常会有警示信号。以下是一些道路基础设施警示信号的例子:暴露在极端温度、化学品泄漏和重型卡车运输导致路面退化、车辙、混凝土和沥青开裂和断裂。

7.3.2 土方工程基础设施:沟渠、堤坝和储水池

(1) 土方工程基础设施:信息

以下是一些应该加以汇编的有关土方工程系统的典型信息列表:

法规和标准

- 美国石油学会(API)，标准2610，Design, Construction, Operation, Maintenance, and Inspection of Terminal and Tank Facilities(for dikes and berms)；
- 加利福尼亚雨水质量协会，Stormwater Best Management Practice Handbook: Construction；
- 美国农业部(USDA)，自然资源保护署，农业手册第590号，Ponds — Planning，Design，Construction；
- 城市雨水控制设计、国际水环境联合会(WEF)和美国土木工程师协会(ASCE)，实践手册(MOP)MOP 87；
- 国家环保法规；
- 公司或工程承包商的标准和实践。

设计信息

- 储水池容量基础；
- 滞留深度和干舷；
- 储存时间；
- 储水池封堵方法(黏土、衬板等)；
- 路堤设计与稳定；
- 堤坝尺寸；
- 堤坝建设；
- 堤坝涂料。

图纸

- 规划和布局；
- 护堤横截面细节；
- 管道穿透；
- 入口细节。

其他

- 更改和修复历史(例如，工单、变更文件的管理)；
- 容量需求变更(有记录的和无记录的)。

(2) 土方工程基础设施：检验

一些国家机构对土方基础设施有安全检验要求。土方工程基础设施的检验方法如表7.3-3所示。

在维护和检验活动中使用检查表是确保检查彻底的良好实践。表7.3-4是土方基础设施检查表示例。

表 7.3-3　土方基础设施检验规程

基础设施类型	类似的行业	实践和导则
泥土堤坝	大坝安全	Inspection of Embankment Dams, Association of State Dam Safety, www. damsafety. org(includes warning signs). Inspection Checklist Guidelines, Iowa. Department of Natural Resources, www. iowadnr. gov
滞留池	雨水管理	Stormwater Operation& Maintenance, A. Resource Guide, Boise Public Works, Boise City, 1999. Stormwater Facility Inspection and Maintenance Handbook, Whatcom County, WA, 2011
铁轨	运输	Unified Facilities Criteria (UFC) Railroad Track Maintenance & Safety Standards, UFC 4-860-03, 2008

表 7.3-4　土方工程基础设施维护及检验检查表示例

土坝和堤坝	是	否	不适用	备注
(1) 堤坝是否有不稳定的迹象，例如：塌、滑、裂、胀或异常沉降?	□	□	□	
(2) 堤坝是否出现塌陷或滑坡? 这种不稳定可能是由过多的渗水、压实不良、地基问题或过陡的边坡造成的。	□	□	□	
(3) 堤坝纵向或横向是否有裂缝? 深的纵向裂缝(平行于堤坝的长度)通常是堤坝坍塌或滑坡的前兆。横向裂缝(垂直于堤坝长度)通常是由于施工过程中压实力差造成的。	□	□	□	
(4) 是否有穴居动物的迹象?	□	□	□	
(5) 是否有河堤、小溪和沟渠? 特别注意丁坝区域。	□	□	□	
(6) 是否有沉洞? 沉洞很可能是堤坝内部侵蚀的标志，通常是沿着管道。	□	□	□	
(7) 是否有不受控制的渗漏? 所有的堤坝都会有一些渗漏。泉水、起泡或有或没有湿地植被的潮湿地区都是不受控制的渗漏迹象。	□	□	□	
(8) 是否有木本植物生长? 堤岸和丁坝应避免一切木本植物。无树木和灌木的区域应该延伸到堤脚和丁坝之外至少 20ft(6.096m)。	□	□	□	
尾矿池/水坝	**是**	**否**	**不适用**	**备注**
(9) 墙壁是否有坍塌或脱落? 如果坍落度超过 4in(101.6mm)，请咨询工程师。	□	□	□	
(10) 是否有侵蚀或冲刷，特别是在入口和出口? 如果发现泄漏或软点，请咨询工程师。	□	□	□	
(11) 当水位允许时，衬里上是否有看得见的孔?	□	□	□	
(12) 是否有穴居动物或昆虫迹象?	□	□	□	

续表

尾矿池/水坝	是	否	不适用	备注
(13) 对重型设备，入口坡道的完整性是否稳定且畅通?	☐	☐	☐	
(14) 是否有乔木和灌木遮挡侧壁的草，或者在管道和建筑物附近根部可能有问题?	☐	☐	☐	
(15) 能量消耗是否足够?	☐	☐	☐	
混凝土堤坝	**是**	**否**	**不适用**	**备注**
(16) 堤坝的墙壁或底部是否有裂缝?	☐	☐	☐	
(17) 墙体穿透处是否有密封胶开裂?	☐	☐	☐	
(18) 是否有劣化的错台修补(断裂或沉降)?	☐	☐	☐	
(19) 是否有 D 形开裂(由冻融膨胀引起)?	☐	☐	☐	
(20) 接缝或裂缝处是否有断层(隆起)?	☐	☐	☐	
(21) 是否有密封胶腐蚀迹象?	☐	☐	☐	
(22) 横向接缝处是否有接缝密封胶损坏[包括挤压、硬化、黏结失效(失去黏结)、黏结失效(开裂)或密封胶完全失效]。接缝处杂草生长也是接缝密封损坏的迹象?	☐	☐	☐	
(23) 是否有排水不良的区域?	☐	☐	☐	

通常，对堤坝、池塘和沟渠的检验频率是有规定的。以下是一些例子：

- 美国环境保护署资源保护和恢复法案；
- 美国环境保护署泄漏预防、控制及对策。

(3) 土方工程老化警示信号

- 蓄水池土坝地基蠕变导致未来的破裂和洪水；
- 废物处理池和化学尾矿池的密封失效，导致有害物质渗入底土；
- 罐区土坝的表面涂层恶化、侵蚀或堤防磨损，有可能溢出造成泄漏。

7.3.3 铁路和岔道

(1) 铁路轨道信息

以下是与铁路岔道有关的一些典型的资产管理信息列表：

法规和标准

铁路岔道通常由铁路公司负责，包括施工实践、维修和修复。

设计信息

如有需要，可向铁路公司获得信息。

图纸

- 显示铁路支线位置的平面图；
- 装卸点的泄漏控制。

其他

- 铁路检验员的报告；
- 更改和修复历史；
- 事故历史。

(2) 铁路轨道维修检验

在维修和检验活动中使用检查表是确保检查彻底的良好实践。表 7.3-5 是铁路岔道基础设施检查表的示例。

表 7.3-5　铁路岔道基础设施检验实践的检查表示例

铁路——道路	是	否	不适用	备注
(1) 是否有道砟路基磨损的迹象(泥浆泵入道砟)？	□	□	□	
(2) 堤防和切坡是否有侵蚀？	□	□	□	
(3) 堤坝是否在滑动和滑移？	□	□	□	
(4) 桥和道路交叉口是否有沉降？	□	□	□	
(5) 铁轨下面或附近是否有冲刷？	□	□	□	
(6) 是否存在潜在的边坡稳定性问题？	□	□	□	
铁路——排水	是	否	不适用	备注
(7) 灌木丛限制排水吗？	□	□	□	
(8) 土壤漂移是否限制了排水？	□	□	□	
(9) 过多的冰雪是否限制正常排水？	□	□	□	
(10) 是否有其他障碍物干扰水流？	□	□	□	
(11) 是否有道岔、十字路口、桥头的排水问题？	□	□	□	
铁路——道砟	是	否	不适用	备注
(12) 道砟是否清洁和无植被？	□	□	□	
(13) 道砟是否已满，没有超过枕木，没有干扰道岔开关？	□	□	□	
铁路——枕木	是	否	不适用	备注
(14) 枕木是否被破坏？	□	□	□	
(15) 枕木是否分裂或受损到不能支撑钉子的程度？	□	□	□	
(16) 枕木是否劣化到可以横向移动>0.5in？	□	□	□	
(17) 枕木是否劣化到被枕木板切断>2in？	□	□	□	
(18) 枕木是否被轮缘、拖拽设备或火绳切割到距轨道或承重区域 12in 以内的 2in 深处？	□	□	□	
(19) 钢轨连接杆螺栓是否松动或缺失？	□	□	□	
(20) 枕木是腐烂、空心，或普遍恶化到大量的材料腐烂或丢失的程度？	□	□	□	

* 1in=25.4mm。

(3) 铁路和岔道警示信号

如果不注意和纠正，可能导致脱轨的铁路警示信号如下：

- 铁路线路和岔道的损坏——木制铁路枕木断裂和开裂，被忽视并受到偶尔的负载和可能脱轨；
- 铁路在水下发生季节性波动，由于路基磨损引起的道砟重新分布；
- 枕木板松动或下陷，钉子缺失或松动，连接杆开裂或断裂；
- 连接杆螺栓松动或缺失；
- 铁路岔道和装载架的冲击损坏(分离的人行道和损坏的装车臂、电缆等)——第三方承包商通常没有报告；
- 由于所有权混乱，岔道没有被正确检查。

图 7.3-1 为用铆钉固定的老式铁路罐车。该罐车如何检验？谁有资格这样做？都是需要解决的问题。

图 7.3-1　用铆钉固定的老式铁路罐车

7.4　海上设施：码头

本节介绍了支持老化基础设施原则的海上设施的标准和实践。

7.4.1　海上设施信息

以下列出了应加以汇编有关海上设施的一些典型信息：

法规和标准

海上设施由美国海岸警卫队和加利福尼亚土地委员会(CSLC)等州机构管理。业主公司的责任包括遵守施工标准、维修和检验。下面提供了一些示例标准和实践：

- Marine Oil Terminal Engineering & Maintenance Standards(MOTEMS)，加利福尼亚土地委员会(CSLC)，海洋设施部门，2013；
- Guidelines for Marine Oil & Petrochemical Terminal Design，世界水上交通基础设施协会(PIANC，2014)；
- Handling Dangerous Cargos at Waterfront Facilities，国土安全部，美国海岸警卫队条例 33CFR-126(附加第 127 部分[LNG/LHG]，154 和 156 部分[石油和危险品])。

设计信息

- 码头操作限制：设施的物理边界由靠泊系统的操作限制，以及船舶尺寸限制和环境条件所定义；
- 机械和电气设备规格(例如，装载臂、起重机和起重设备，包括电缆、管道/歧管和支架、输油软管、火灾探测和抑制系统、蒸汽控制系统、废油坑/废油罐、通风系统、泵和泵系统、通信设备、电气开关和接线盒、应急电源设备)；
- 系泊和停泊分析，分析符合码头操作限制和码头和/或系缆柱的结构配置和相关硬件；
- 结构和地震分析及计算；
- 桩的规范；
- 紧急关断(ESD)和隔离系统的描述。

图纸

- 显示码头和栈桥布局的平面图；
- 系泊和承冲靠船架配置；
- 详细的基础和结构图；
- 装卸臂机械图；
- 消防系统；
- P&IDs 和管道布置；
- 电气单线图。

其他

- 码头的背景数据——描述服务环境(风、浪、水流)、海洋生长的范围和类型；
- 检验/测试数据；
- 岩土工程报告；
- 码头消防平面图；

- 管道应力和位移分析；
- 事故历史；
- 泄漏控制和应急响应程序。

7.4.2 海上设施检验

维修检验指南可从各运输部门和机构获得。表7.4-1列出了一些国际海上基础设施检验实践的例子。

表7.4-1 海上基础设施检验实践

基础设施类型	类似的行业	实践和导则
临水设施	石油和航运	*Marine Safety Manual Volume Ⅱ: Materiel Inspection, COMDTINST 16000.7B*, US Coast Guard, 2014. *Waterfront Facility Compliance Booklet*, Department of Homeland Security, U.S. Coast Guard, CG-5562A(Rev 6-04). *Section 3102F-Audit and Inspection*, California State Lands Commission (CSLC) Code 31F-Marine Oil Terminals, Div. 2

在维修和检验活动中使用检查表是确保检查彻底的良好实践。表7.4-2是海上基础设施的检查表示例。

表7.4-2 海上基础设施检查表示例

海上设施——水上设备	是	否	不适用	备注
(1) 装卸臂是否存在允许排放石油或危险品的缺陷？	□	□	□	
(2) 装卸管道是否存在允许排放石油或危险品的缺陷？	□	□	□	
(3) 输送软管是否有未修复的扭结、凸起、软点或其他缺陷？	□	□	□	
(4) 是否有切口、割伤或凿痕穿透软管加固层？	□	□	□	
(5) 遥控阀门(ROVs)、储罐液位报警和ESD系统是否正常工作？	□	□	□	
(6) 每年内部是否检查蒸汽控制系统(VCS)和阻火器？	□	□	□	
海上设施——水上结构	**是**	**否**	**不适用**	**备注**
(7) 是否有系泊或承冲靠船架碰撞损伤的迹象？	□	□	□	
(8) 系缆柱或码头结构是否有混凝土剥落？	□	□	□	
(9) 在劣化的钢筋混凝土结构上是否可见钢筋？	□	□	□	
(10) 在结构的大多区域是否观察到提前的退化或过度应力，并有工程评估证实退化没有显著降低结构的承载能力？(例如：结构的承载力未超过适用标准结构要求的25%)。	□	□	□	

续表

海上设施——水上结构	是	否	不适用	备注
(11) 是否有可能严重影响主要结构部件承载能力的提前退化、过度应力或破损，根据工程评估确定的结构的能力比标准结构的要求低25%以上。(不符合目的，可能发生局部故障，有必要限制负载限制)。	□	□	□	
海上设施——水下结构	**是**	**否**	**不适用**	**备注**
(12) 钢结构是否存在中等程度的机械损伤，包括腐蚀点和断面损失?	□	□	□	
(13) 在混凝土结构上是否有严重的剥落和开裂、锈斑、暴露的钢筋和/或预应力钢绞线?	□	□	□	
(14) 在木结构上是否有严重的断面损失、桩和支撑断裂、严重的磨损或海蚀?	□	□	□	
(15) 涂层钢构件是否存在涂层完整性和有效性失效?	□	□	□	
(16) 是否有钢、混凝土或木材包裹部件的包装材料严重损坏或失效迹象?	□	□	□	
(17) 是否有明显的钢、混凝土或木质包裹构件的基础构件损坏或变质的迹象?	□	□	□	
(18) 横向接缝处是否有接缝密封胶损坏(包括挤压、硬化、黏结失效(失去黏结)、黏结失效(开裂)或密封胶完全失效。接缝处杂草生长也是接缝密封损坏的迹象)?	□	□	□	
(19) 船的尺寸限制在最初安装后是否有所增加?	□	□	□	
(20) 是否存在大量水下植被堆积，妨碍对结构部件的检查并促进沉积物下腐蚀(CUD)?	□	□	□	
(21) 消防海水进水管在潮汐界面处是否被腐蚀?	□	□	□	

7.4.3 海上设施老化警示信号

在潜在的灾难性故障之前，通常会有警示信号。下面列出了一些海上基础设施的例子：

- 暴露在混凝土结构上的钢筋；
- 由于船舶碰撞或硬靠泊造成的结构部件损坏；
- 顶部设备缺乏维护的可视化和文件记录，包括：
  - 灭火系统；
  - 溢油收集槽、集油池和废油罐；
  - 阀门和歧管标记；
  - 装卸臂旋转接头；
  - 副甲板管道(看不到就想不到)；
  - 传输软管；
  - 起重吊车。
- 水下结构逾期检查。

下面的案例研究反映了一艘名为 Betelgeuse 的超级油轮的老化问题。

Betelgeuse 是 1968 年建造的第一代超级油轮，用于将中东的原油运往西欧的炼油厂。1978 年底，由于天气恶劣，该船改航到西爱尔兰的 Whiddy 深水码头。在前往码头的途中，这艘船受到了一些轻微的损坏，导致舱壁漏油(这可能是未来问题的预警信号)，于是查明了泄漏的原因，并进行了临时修复。

码头早在十年前就已建成，但由于疏忽，其消防系统已劣化，慢性泄漏问题变得普遍。为了降低运营成本，消防系统处于待机模式，只在需要时投入使用。

石油卸载作业于 1979 年 1 月 8 日凌晨开始。卸载需按照一定程序进行，以确保石油均匀地从每个存储舱中移出，从而减少老化船体上的弯曲应力。在几乎没有任何警告的情况下，船体开始破裂，产生巨大的噪声，随后上层甲板上起火。船员们弃船到码头集合。由于没有可用的消防水，船员们焦急地等待着紧急救援船的救援。在紧急救援船到达之前，一系列剧烈的爆炸导致船体裂成两半。包括船员和救援人员在内的 50 人丧生。

此事故说明保持所有关键设施和基础设施处于可靠状态和准备就绪状态的重要性。有关 Betelgeuse 案例研究的更多信息，请参阅本书附录案例 5。

7.5 地下公用工程系统

本节介绍了地下公用工程系统的具体标准和实践，以支持目前提出的老化的基础设施原则。

7.5.1 电缆

(1) 电缆安装信息

以下是一些有关专用地下电缆系统的典型信息，应加以汇编。它旨在覆盖电力公司变电所和管辖范围之外的工厂和设施地下电缆。

法规和标准

这些标准主要来源于电力行业，包括选择、安装、维修和修复实践，通常适用于专用系统。以下是一些适用于工厂地下基础设施的例子：

- IEEE 1242。*Guide for Specifying and Selecting Power, Control, and Special Purpose Cable for Petroleum and Chemical Plants*, Institute of Electrical and Electronic Engineers, 1999。本指南介绍电线电缆的设计、材料、测试和安装。
- IEEE P1185。Recommended Practice for Cable Installation in Generating Stations and Industrial Facilities，电气和电子工程师协会，2010。
- API RP 540。Electrical Installations in Petroleum Processing Plants，美国石

油学会。

设计信息

- 电缆尺寸和功率 kV·A 额定值；
- 制造商和制造材料；
- 埋地类型(直埋、管道、其他)；
- 埋地深度；
- 终端细节；
- 其他公用工程交叉；
- 地下接线盒或保险箱；
- 接入点；
- 故障保护。

图纸

- 显示电力电缆和其他服役的地下公用工程平面图；
- 沟槽截面详图；
- 地下接线盒或保险箱细节；
- 终端接线图。

其他

- 安装现场检验记录；
- 修复记录；
- 事故历史(外部侵入)。

(2) 电缆检验

地下电缆系统的检验仍然是一个重点领域。地下电缆系统的一些检验方法示例如表 7.5-1 所示。据文献资料，现有诊断技术在检测良好情况时的准确性比检测不良情况时更高。

表 7.5-1　地下电缆系统检验实践

基础设施类型	类似的行业	实践和导则
电缆	电力行业	400-2012-IEEE *Guide for Field Testing and Evaluation of the Insulation of Shielded Power Cable Systems Rated 5 kV and Above*, *IEEE*, 2012. *Diagnostic Testing of Underground Cable Systems*(*Cable Diagnostic Focus Initiative*), National Electric and Energy Testing and Research Center(NEETRAC), Georgia Tech Research Corp., DOE Award No. DE - FC02 - 04CH11237, 2010. A comprehensive report on failure modes and diagnostic techniques for testing underground power cables

大多数可用的电气系统检查表依赖于地面安装电气部件的目视检查或施工期间的检查。由于大多数地下电缆故障是在施工过程中损坏的结果，因此后者是非常重要的。对于老化引起的劣化，应考虑使用表 7.5-1 所述的一种诊断技术。地下电缆的检查表示例如表 7.5-2 所示。

表 7.5-2 地下电缆系统维修和检验检查表示例

地下电缆	是	否	不适用	备注
(1) 下雨后当地会停电吗？	☐	☐	☐	
(2) 接地故障保护器是否经常跳闸？	☐	☐	☐	
(3) 是否有过电流过大的证据或历史？	☐	☐	☐	
(4) 地下电缆线路上方是否有石油化学品泄漏、变压器油泄漏或肥料泄漏的报告(导致绝缘和外护套的膨胀、熔化或开裂)？	☐	☐	☐	
(5) 无护套电缆是否埋在土壤中，这样会加剧铜的腐蚀(可导致中性点丧失)？	☐	☐	☐	
(6) 电力电缆线路是否已知并有有效的行政控制以减少外部侵入(挖掘)电力电缆的风险？	☐	☐	☐	
(7) 是否有劣化……？	☐	☐	☐	

此外，绝缘电阻测试仪，也称为兆欧表，可用于确定地下设施的电缆绝缘状况。该仪器是一种便携式绝缘电阻测试仪，可提供绝缘电阻的读数，用于检测绝缘的好坏。建议将定期测试作为预防性维护的一部分，并分析测量趋势。(Megger，2006)

(3) 地下电缆老化警示信号

在潜在的灾难性故障之前，通常会有警示信号。下面列举了一些地下电缆老化警示信号的例子。

- 潮湿、高湿或污染物导致的电缆劣化；
- 振动引起的电缆劣化；
- 电介质绝缘损失足以导致所使用电路出现功能故障。

7.5.2 公用工程地下管道：燃气、冷却水、消防水、排水和下水道

(1) 公用工程地下管道信息

下面列出了一些可能适用于工厂系统的地下公用工程管道系统的典型信息。

法规和标准

- ASCE 15-98。Standard Practice for Direct Design of Buried Precast Concrete Pipe Using Standard Installations(SIDD)，美国土木工程师协会，2000。

- Design Data #40。Standard Installations and Bedding Factors for the Indirect Design Method，美国混凝土管道协会（ACPA），1996。
- *Concrete Pipe Design Manual*，美国混凝土管道协会（ACPC），2000。
- M086MM086－15－UL，*Standard Specification for Non－Reinforced Concrete Sewer，Storm Drain，and Culvert Pipe*，美国国家公路运输官员协会（AASHTO），2015。
- ASME/ANSI B31.8，*Gas Transmission and Distribution Piping System*，美国国家标准学会（ANSI）压力管道规范。
- 49 CFR Part 192，Subpart G－General Construction Requirements for Transmission Lines and Mains，DOT PHMSA。
- 有管辖权的州和地方当局燃气服务通用规范。
- *Guidelines for the Design of Buried Steel Pipe*，美国生命线联盟（FMEA 和 ASCE 之间的公私合作伙伴关系），2001 年。
- NFPA 24，Standard for the Installation of Private Fire Service Mains and Their Appurtenances，美国消防协会，2016 年版。
- NACE SP0169—2013 Standard Practice，*Control of External Corrosion on Underground or Submerged Metallic Piping Systems*，美国腐蚀工程师协会（NACE），2013。

设计信息

- 管道工艺设计参数及机械设计规范；
- 管道尺寸；
- 埋深和层理因素；
- 重力排水梯度；
- 管道系统应力分析；
- 管道施工垫层和覆盖层材料；
- 管道涂层及阴极保护系统；
- 接头密封系统；
- 下水道/排水系统设计信息。

图纸

- 地下管道系统布置图；
- 沟槽截面详图；
- 阀箱和拦截器详图。

其他

- 土壤和岩土信息；

- 抗震设计条件（如适用）；
- 安装现场检验记录。

（2）公用工程地下管道检验

一些专业协会和机构有公用工程地下管道基础设施的维护和检验实践。公用工程管道基础设施的检验实践示例如表 7.5-3 所示。

表 7.5-3 地下公用工程管道基础设施检验实践

基础设施类型	类似的行业	实践和导则
钢管	气体输送	API RP 1110 *Recommended Practice for the Pressure Testing of Steel Pipelines for the Transportation of Gas, Petroleum Gas, Hazardous Liquids, Highly Volatile Liquids, or Carbon Dioxide*, American Petroleum Institute, 5th Edition, 2015. NACE SP0102-2010 Standard Practice, *In-Line Inspection of Pipelines*, National Association of Corrosion Engineers(NACE), 2010. NACE SP0169-2013 Standard Practice, Control of External Corrosion on Underground or Submerged Metallic Piping Systems, Section 10 O&M, National Association of Corrosion Engineers(NACE), 2013
非金属管道	城市供水及排水系统	*Nondestructive, Noninvasive Assessment of Underground Pipelines*, Michael Dingus et. al, American Water Works Association(AWWA) Research Foundation. *Pipe Condition Assessment Using Cctv: Performance Specification Guideline*, National Association of Sewer Service Companies(NASSCO), 2014
消防水主管	消防	NFPA 24: *Standard for the Installation of Private Fire Service Mains and Their Appurtenances*, National Fire Protection Association, Chapter 14: Inspection, Testing & Maintenance, 2016. NFPA 291: *Recommended Practice for Fire Flow Testing and Marking of Hydrants*, National Fire Protection Association, 2016. FM Global Loss Prevention Data Sheet 3-10. Private Service Water Mains and Data Sheet 2-81. Fire Protection System Inspection, Testing and Maintenance and Other Fire Loss Prevention Inspections

在维护和检验活动中使用检查表是确保检查彻底的良好实践。地下公用工程基础设施的缺陷一般是不直接可见的。表 7.5-4 是地下公用工程管道基础设施老化的一些间接证据的检查表示例。

表 7.5-4　地下公用工程管道基础设施检查表示例

燃气管道	是	否	不适用	备注
(1) 管道沿线是否有表面结霜的迹象?	□	□	□	
(2) 是否仅在管道路线上有可检测到的气味?(注:可配备便携式取样仪进行泄漏检测)	□	□	□	
(3) 是否为界区外(OSBL)埋地段提供管道路权(ROW)标记?	□	□	□	
(4) 管道是否有阴极保护(CP)?	□	□	□	
燃气管道	**是**	**否**	**不适用**	**备注**
(5) 在过去的一年里是否做过 CP 调查?	□	□	□	
(6) 在 CP 调查期间,是否发现其他管道交叉的干扰?是否有采取行动?	□	□	□	
(7) 是否进行了内部清管以评估管道的完整性/腐蚀情况,并得出趋势结果(条件允许的情况下)?	□	□	□	
(8) 水域穿越是否被识别?	□	□	□	
(9) 空域跨越是否被识别,其结构完整性是否足够?	□	□	□	
下水道和排水管	**是**	**否**	**不适用**	**备注**
(10) 暴雨期间,排水管是否会倒流?	□	□	□	
(11) 下水道和排水管道是否受重型车辆的保护?	□	□	□	
(12) 是否有地下水监测井单独封闭排水系统地下管线?	□	□	□	
(13) 监测井数据是否有地下水污染的证据?	□	□	□	
消防水管道	**是**	**否**	**不适用**	**备注**
(14) 流量测试是否按照 NFPA 291 进行?	□	□	□	
(15) 是否完成了流程测试的后续行动?	□	□	□	
(16) 消火栓是否根据其额定容量进行分类?	□	□	□	
(17) 每个位置是否标明消火栓等级?	□	□	□	
(18) 消防水系统是否定期冲洗?	□	□	□	
(19) 流量试验期间是否出现表面鼓包或末端供水不足?	□	□	□	
(20) 所有消防系统的阀门是否处于令人满意的状态,并锁定在开启位置,以防止消防水系统被意外隔离?	□	□	□	
(21) 消防系统阀门是否定期(每周/每月/每年)检查和运行,以验证操作完整性?	□	□	□	
(22) 消防泵是否处于自动操作模式,工作状态是否完善,是否每周和每年进行测试?	□	□	□	

模具测试是确定冷却水、消防水管以及下水道和排水系统可疑泄漏位置的常用方法之一。

(3) 地下公用工程管道老化警示信号

- 消防水容量和压力下降；
- 井中数据显示化学污染物增加；
- 燃气管道沿线有明显气味；
- 可见液池；
- 可见混凝土退化(如适用)。

8 冗余设备的退役、拆卸和拆除

8.1 引言

了解老化和废弃设施之间的区别很重要。长期被遗弃或被忽视了相当长一段时间的设施可能已经无法修复，不应考虑在未来使用。试图恢复这些设施可能是不切实际和不经济的，并可能带来新的安全问题。这类设施应予拆除，并将可能被污染的残余物送往经批准的废料场。图 8.1-1 为等待拆除的建筑。

图 8.1-1 等待拆除的建筑

本章讨论了在试图拆除和处置已经超过其经济和物理寿命的设施资产时所带来的危险。已经达到其生命周期的终点或被认为不能安全运行的基础设施和设备应永久退役。然而，退役只是几个步骤中的一个，通常应包括退役、消毒(清洁)、拆卸、拆除和处置。

8.2 设备的危险性

8.2.1 未知或无记录的状况

已经退役的设备往往被留在原地。处于闲置状态而没有退役的设施可能涉及风险，因为它们可能仍然存在危险并会造成责任问题。闲置的资产是生物危害的温床，偶尔闯入的人可能会受到伤害。一旦资产退役，通常会停止系统的检查和保存记录。如果在退役时没有采取必要的措施来钝化化学危害并确保结构的完整性，那么在最后进行拆除和处理时，资产的状况可能是未知的。这可能导致参与拆卸的人员接触到危险材料，或者公众接触到分类不当的危险废物。此外，当最终决定拆除时，资产的结构完整性可能会严重恶化，从而增加了结构失效和拆除工人受伤的风险。

8.2.2 拆除残留化学危害的材料

旧的基础设施，特别是工艺建筑，可能含有不再允许使用或被污染的危险建筑材料，如：

- 石棉管道保温材料；
- 耐火材料；
- 石棉水泥(石棉-水泥)管道、导管和防护罩；
- 石棉水泥瓦片和壁板；
- 含有多氯联苯(PCB)的电气元件；
- 填缝和玻璃材料；
- 卫生和化学排污管；
- 被生产材料污染的木头、水泥和瓷砖地板；
- 含有硅酸盐的材料。

如果在拆除前不加以识别并妥善管理，这些材料会对参与拆卸活动的工人构成严重的健康风险。这还可能导致罚款，因为处理其中一些材料时必须遵守公共的安全规定。另外，如果在拆除项目期间发现，可能会对进度和成本产生额外的影响。

当关于资产的最后使用状况和所处理的材料的信息很少时，必须采用取样和分析的方法，以获得计划和执行安全退役计划所需的重要信息，如第 8.3.1 部分所述。

来自核工业的教训。由于近年来在欧洲和亚洲发生了一些不受控制的自然灾害，公众对核电站的接受程度已经降低。因此，现在发达国家正在计划或建造的核电站越来越少。一些欧洲国家正在完全淘汰核电。现有核电站的退役和最终处置是一项关乎经济和环境的挑战。

目前有超过400个核反应堆在运行，主要分布在北美、欧洲和亚洲。这些核反应堆通常在发电厂内以2~4组的形式配置。其中许多是在20世纪后半叶建造和投用的。即使采用最新的技术和高质量的建设，这些电厂也需要定期停工以更换燃料和炉管。这种昂贵的维护是确保电厂可靠运行所必需的。这些工厂的预期寿命为40年，许多工厂现在已经达到了其使用生命周期的终点。事实上，负责监督核电设施许可的监管机构往往规定其在运行40年后应完全退役。

核设施的退役既复杂又昂贵。使用过的燃料必须以安全的方式进行处理，并在远离人口密集区的地方进行隔离填埋。所有设备和支持性基础设施都必须退役、去污染和拆除，并注意将暴露于可测量的辐射水平下的部件分离出来。必须对每个部件的处置进行管理，也就是说，必须对其处理方式和处置地点进行记录。最终，意外或未经授权接触到放射源的风险必须接近零。包括建筑物和地基在内的基础设施本身通常被覆盖起来，并永久限制有地面通道。虽然这些措施可能因地点和管辖范围而异，但它们可以说明在涉及长期公共安全问题上所需的慎重程度。

这种危险也存在于退役的海上平台，核液位计被留在海洋中自然衰减。这是北海平台的一个问题，因为英国HSE提出并接受了最低合理可行(ALARP)案例。

处理老化核设施的挑战显然是独特的。由于放射性同位素的半衰期，长期的健康和安全隐患可能会持续几十年(有时甚至几个世纪)。出于这个原因，核工业不能抱有侥幸心理。风险是一个永无止境的现象，必须进行日常管理，没有暂停或间歇。

很少有读者可能直接参与到核工业中。然而，核工业部门可能有一些经验可以与整个行业分享。这些可以以问题的形式提出：

- 随着设施生命周期的结束，是否使用高质量的替换部件进行适当的维修？
- 是否曾经以事故在剩余短时间内不可能发生为前提而采取捷径？
- 我们是否能确定废旧部件不会落入坏人手中？
- 我们如何对通过废品商处理的旧材料负责？
- 我们如何确保废旧材料不会被错误地描述并投入二次使用？
- 是否定期检查废弃的场地，以确保危险物不会公开暴露在大气中或野生动物面前(风或侵蚀)？
- 是否对含水层进行检测，以确保危险材料没有渗入下层土壤？

8.2.3 拆除后的保管

拆除碎片离开现场后，工厂的责任并没有结束。需要负责任地关注，以确保没有因第三方处理碎片和废物的不当行为而被追责。应注意确保承包商：

- 将报废的设备弃置到指定的废料场或掩埋场，以避免土壤和地下水受到污染；
- 在运输废物时采取预防措施，避免公众接触到道路和高速公路沿线的危险材料；
- 保护好使用过的或报废的设备，以防止被非法经营者收回和重新使用。

为了防止未来由于无良供应商承担赔偿责任，在选择第三方承包商时，必须进行仔细的尽职调查，包括：

- 审查资质和过去相关的项目(客户名单)；
- 联系推荐人；
- 审查推荐信；
- 搜索违反法规的历史记录。

记住这句格言："一分钱一分货，警惕低价"。正确地做对这件事很重要，即使直接的商业利益难以量化。

8.3 最终退役的做法

设施最终应以安全和负责任的方式退役，使用记录在案的程序来隔离、移除和处理过时的退役和/或不需要的设备，以免它们进一步构成风险。需要使用变更管理(MOC)程序进行管理，并对任何与工艺有关的危害进行评估。资产完整性计划记录和工厂 P&ID 将根据需要进行修订，使文档与工厂情况相一致，从而不会进一步构成风险。本节介绍了为实现这一目标所需的一些其他注意事项。

8.3.1 清洁

清洁的目的是去除、中和和/或以其他方式钝化任何可能构成未来健康风险或可能导致持续老化致使资产部分或全部失效的工艺物料。在资产永久停用后不久，应该在了解其最后服役的知识和文件的情况下安排进行清洁。清洁的具体方法将取决于需要清除的物料。对于基础设施来说，它可以像用水、清洁剂溶液或温和的腐蚀性溶液冲洗排水管一样简单。对于含有石棉材料的建筑，可能至少需要请承包商来识别、标记和封装含有石棉的部件。在拆除之前，这些材料需要被移除并妥善处理。制定清洁过程的计划时需要考虑到：

- 污染材料和任何清洁液的类型和危害；

- 健康风险和所需的人员防护设备；
- 需要的工作许可；
- 清洁方法和验证效果的手段；
- 所需的清洁材料和设备；
- 进入基础设施，包括挖掘或起重设备；
- 清洁工作的预期时间；
- 清洁残留物的处理；
- 第三方承包商的使用和管理；
- 估计费用。

由于这将是一项非常规的作业，执行作业安全分析(JSA)也应作为计划的一部分。

清洁过程应通过工厂的维修管理、工单和记录保存进行安排和记录。然而，根据作业的规模和复杂性，为了进行适当的管理，可能需要将该作业作为一个特殊项目来处理。

8.3.2 保留备用设备和零件

在退役设施中保留一些设备部件可能是可取的。例如，只有从二手设备市场上才能买到的电气部件，但在工厂的其他区域仍在使用。这些部件在退役后应很快被拆除，以便进行清洁、翻新和入库，尽量减少进一步的老化。部件应在备件库存系统中编目，包括描述(使用年限、尺寸、型号、额定值、容量等)，指为使用/翻新，并简要说明之前的服役历史和使用时间。

在接受保留为备用设备/零件之前，该部件需要彻底检验和测试，以验证其功能和继续使用的价值。根据资产的类型，测试可能包括压力测试、机械或电气功能测试，或一些 ASTM 测试程序，如电力电缆绝缘的介电强度，或预制混凝土管的缺陷。

8.3.3 化学品的处置

在退役过程中，可能存在多种化学残留物来源。一种是在退役前退料后留在设备中的任何残余生产材料。另一种是被生产材料污染的清洁材料和液体。也可能有需要适当处理的建筑材料，如石棉。清洁和退役计划需要将危险和非危险物料进行辨识和分类，并为所有危险废物制定具体处置要求。提议的处置程序需要符合适用的环境和公共卫生法规。

虽然天然放射性物质(NORM)在基础设施资产中并不常见(尽管用放射性沙子制造水泥时发生过)，但天然放射性物质和技术增强型天然放射性物质(TENORM)也可能存在于电气设备或聚集于水处理设施中的管道、储罐或其他过滤设备的材料中。污染也可能存在于矿垢、污泥或蒸发池/坑中(Clean Harbors, 2016)。

根据1954年的原子能法或低放射性废物政策法，天然放射性物质不受监管控制。因此，天然放射性物质主要受制于各地的辐射控制法规。2005年能源政策法案第651(e)条通过重新定义源材料，赋予NRC(美国核管理委员会)对天然放射性物质离散源的管辖权(TCEQ，2015)。

美国核管理委员会对没有特定协议的地区或管辖区的放射性材料行使监管权。美国核管理委员会和特定管辖区通过国家材料计划协调放射性材料的监管。为此，美国核管理委员会通过综合材料性能评价过程(IMPEP)在该计划中保持领导和监督作用。特别是，IMPEP通过使用一套共同的绩效标准审查美国核管理委员会和各国的监管性能，确保全国范围内的统一监管(NRC，2015)。因此，当遇到天然放射性物质时，如果工厂位于37个协议国之一，将需要遵守特定的国家法规。最佳做法是联系可以同时处理天然放射性物质的有执照的危险废物处理公司。

自燃材料(与空气接触后会燃烧)也需要特殊处理。重要的是，在试图在公共道路和高速公路上运输这些材料之前，要确保这些材料已经被惰化。这通常可以在远离工艺和易燃物质储存区的安全位置，通过将材料暴露在空气中足够长的时间来实现。

8.4 拆卸和处置

8.4.1 排气

拆卸天然气和燃料气体管道时，需要在拆卸前将管道中的可燃气排出并进行惰化。在减压后，管道中的剩余气体需要用惰性(无氧)流体进行置换。典型的选择是低压蒸汽或氮气。当使用蒸汽时，在除去所有可燃碳氢化合物后，应使用压缩空气对管道进行干燥。用氮气吹扫效率更高，因为它可以留在管线中进行惰化同时还可以控制湿度。

8.4.2 惰性处理

当金属设备和管道长时间不使用时，通常会用无氧和干燥的气体填充以防止内部腐蚀。氮气是首选气体，因为它的露点和其中的氧气浓度非常低。适合进行惰化处理的基础设施类型包括：天然气与燃料气体管道和分液罐，仪表与工厂风接收罐和管道。如果设备的拆卸计划在排气后不久进行，则可能不需要进行惰化。

初始填充和重新进入惰化设备，都必须遵循非常谨慎的程序以安全地完成工作。不遵循相应的安全规程将造成窒息这样极其危险的后果。工业死亡的主要原因之一是过度暴露于惰性气体。

8.4.3 从运行设施中拆除

拆除退役设备通常需要使用某种类型的索具、吊装、挖掘和拖运设备。当拆除地点位于在役设备内部或接近在役设备时，拆除过程就会变得更加危险。特别值得关注的是在运行中的设备附近或上方提升重物。已经发生了几起重大的化工厂事故，原因是坠落的物体或翻倒的起重机吊臂导致工艺设备和管道的损坏，或对拆除人员造成伤害。

超过50%的移动式起重机事故是由起重机在安装过程中的失误造成的(IHSA，2012)。如果遵循制造商的组装和拆卸建议，使用正确的部件并遵守安全防范措施，这些事故大多数都是可以避免的。有参考资料提供了一份作业前检查表，用于避免在危险区域操作起重设备时发生意外(IHSA，2012)。虽然这份检查表是为起重机操作而设计的，但其中的一些预防措施和安全注意事项普遍适用于在工艺或公共设施危险区附近操作的任何大型施工设备。

8.4.4 场地清理

虽然基础设施和系统是主要生产设备的辅助设施，但它们仍然可能包含被认为有健康风险的物料。例如，退役的蓄水池和水处理设施的某些废水残留物可能被认为属于资源保护和恢复法(RCRA)法规的范围，该法规是可能适用于固体废物现场清理的主要联邦法规。该法规定义了非危险性和危险性固体废物。环保局与各州的环境保护部门共同执行这一法规。在某些情况下，州法规可能超过联邦要求。

1980年的综合环境反应、赔偿和责任法(CERCLA)是另一部美国联邦法律，旨在清理被危险物质和污染物污染的场地(指定为超级基金场地)。CERCLA由国会于1980年颁布，以应对危险废物场地的威胁，其典型代表是纽约的拉芙运河灾难。它授权联邦自然资源机构(主要是环境保护局)、各州和美国原住民部落恢复由危险物质造成的自然资源损失，尽管大多数州都有并且经常使用他们自己的CERCLA。世界各地的其他司法管辖区未来可能会颁布类似的法规。

场地清理的第一步是确定是否有任何已知或可疑的物料存在，这些物料可能属于联邦和州环境法规的范围。上面提到的法规并不是唯一可能适用的法规，本文的目的不是提供可能适用的法规设置的完整摘要。可以说，一旦确定了污染的性质，就有必要审查监管环境以确定哪些法规适用。地表水和地下水污染也是可能需要解决的主要问题。

当遇到场地污染并确定其特征后，下一步就是选择方法来完成清理工作。清除地下水、地表水或土壤中的污染或污染物涉及环境修复。为了成功完成这项工作，有必要首先了解不同的清理方法及其工作原理(Rodewald，2014)。以下是一些适用方法的清单：

- 地下水泵送和处理：这种方法包括用真空泵抽取地下水，然后用炭吸附、生物处理和气提等技术分离污染物。
- 废水处理：用物理分离、化学处理和生物处理等技术去除废水中污染物的方法。
- 生物修复：采用微生物对污染物进行自然生物降解，通过添加营养物或培养基来加强这种降解。
- 焚烧：使用极高的温度来破坏危险废物中的有机化合物。
- 热脱附：这种方法利用高温加热受污染的土壤，使挥发性和半挥发性有机物(如汞或碳氢化合物)挥发，然后收集或用燃烧器处理。
- 清除和处置：这种方法包括对受污染的设备、土壤、水、污泥和/或储罐进行物理清除，并将其运送到经批准的危险废物处置工厂。

在许多情况下，对于基础设施用地，如果发现有污染，最后一种选择可能是首选。在内部环境专业知识和资源有限的情况下，可以考虑聘请经验丰富的环境修复承包商来管理清理工作。进行适当的现场清理需要规划并与国家机构进行协调。这可能需要第三方资源。

在工厂关闭和拆除生产现场所有设施的情况下，应作出规定，以确保未来的土地开发不会侵占废弃的工厂区域或暴露出尚未完全修复的工业危害。

拆除工作完成后应立即进行场地清理的重要原因包括：

- 当公司决定在停运后出售业务或资产时，已知的负债会影响资产的未来价值；
- 如果有害物质渗入土壤，问题不解决的时间越长，情况就越严重。

8.4.5 废料价值

有些材料即使在其使用寿命结束时，仍保留着相当大的废品价值或回收价值。高温裂解装置中的燃烧炉管就是这样一个例子。这些管子有时是用耐高温的铸造合金 HK40 或 HP45 制造的。这种管子的回收价值可以占到原始成本的很大一部分。这个问题进一步增加了风险问题的复杂性，即“我们是应该以备用应急模式保留设施和/或设备，还是应该现在就回收废品价值?”最佳策略将取决于几个因素，如需要备用应急的可能性，业务的市场关键性，以及如何对回收金额征税。

9 未来与展望

希望您觉得这本书很有趣，并认为它用于应对老化设施和基础设施的挑战是有用的。然而，除非开始采取行动，否则即使是最好的概念和想法也不会转化为结果。作为读者，您有机会将您所学到的知识传达给您组织中的其他人，让他们意识到他们的设施可能存在的漏洞。法规和规范未必解决主要操作区域以外的高风险。管廊、道路、装载架和仓库往往被忽视，因为它们对业务并不重要。然而，意外的失效可能会使业务完全瘫痪或导致灾难的发生。生产最大化和运营成本最小化的压力有时会促使维修工作延期，从而导致过早老化。此外，基础设施的优先级往往处于生产资产之下，其可能会被忽视。

你能做什么，怎么做？以下策略是可以推动事情发展的众多策略之一：

（1）向你的同事和区域管理层反馈议题。除非你确定设施可能符合本书中所列的一个或多个类别，否则不要提出忧虑。向监督和管理部门做一个简短的介绍，强调这里的一些问题，应该能引起他们的注意。如果适用于你的业务类型，可以使用案例分析和照片。

（2）建议有人检查设备数据档案，以确定设施和基础设施最初建造时间和最后一次检验时间。是否注意到任何重大问题或趋势以及如何解决这些问题？

（3）对检验和维修功能提出一些令人信服的论据，目的是至少关注在正常维修计划范围之外的设施。这一举措应该从小处着手。在早期阶段，你不太可能动员大量的检验人员，这可能会失去可信度。但是，如果发现了重大问题，检查的主动性应该会增强。

（4）将正式的风险评估扩展到主要操作区之外。大多数拥有成熟的过程安全计划的公司，每隔 5 年都会对危险作业设施进行一次正式的引导词 HAZOP 或 FMEA（失效模式和影响分析）。考虑使用“What-if”分析将这些研究的范围扩大到传统边界之外。

（5）为上述第 2~第 4 项中提出的重大问题指定优先级。为解决这一新增的工作范围可能需要调整维修预算。

在操作的主要生产区域内，使用本书会带来一些宝贵的机会。HAZOP 和 FMEA 都使用传统的引导词和设备失效模式。老化的概念与持续暴露在恶劣的条件下有关，可以提出新的引导词和失效模式。本书可以让团队更好地准备参与设施风险评估。

参考文献

ACPA 2012, *Design Data M9: Standard Installations and Bedding Factors for the Indirect Design Method.* American Concrete Pipe Association.

API 2008. Recommended Practice 581, *API Recommended Practice* 581 – *Risk Based Inspection Technology.* American Petroleum Institute, Washington DC.

API 2011, Recommended Practice 571, *Damage Mechanisms Affecting Fixed Equipment in the Refining Industry.* American Petroleum Institute, Washington DC.

API 2007, Recommended Practice 579, *Fitness – for – Service.* American Petroleum Institute, Washington DC.

API 2009, Recommend Practice 580 (2009), *Risk – Based Inspection*, American Petroleum Institute, Washington DC.

API 2014a, Recommend Practice 583, *Corrosion Under Insulation and Fireproofing*, American Petroleum Institute, Washington, DC.

API 2014b, Recommend Practice 584, *Integrity Operating Windows*, American Petroleum Institute, Washington DC.

ASCE(2010). *Recommendations for Design of Reinforced Concrete Pipe.* Ece Erdogmus, et. al., Journal of Pipeline Systems Engineering and Practice.

Baker, R. (2006). *Process Safety Concerns Can Arise When Using Refurbished or New-Surplus Equipment.* Hydrocarbon Processing Magazine, pp. 73–80.

BPA (2014). *Asset Management Strategies.* Bonneville Power Administration, BPA Policy 240–2.

British Standard 7910(2013). *Guide on methods for assessing the acceptability of flaws in metallic structures.* United Kingdom.

CCPS(1999). *Guidelines for Chemical Process Quantitative Risk Analysis.* Center for Chemical Process Safety of the American Institute of Chemical Engineers, New York.

CCPS(2001). *Layer of Protection Analysis: Simplified Process Risk Assessment.* Center for Chemical Process Safety of the American Institute of Chemical Engineers, New York.

CCPS(2005). *Building Process Safety Culture: Tools to Enhance Process Safety Performance.* ISBN # 0-8169-0999-7, Center for Chemical Process Safety of the American Institute of Chemical Engineers, New York.

CCPS(2006). *Guidelines for Asset Integrity Systems.* Center for Chemical Process Safety of the American Institute of Chemical Engineers, New York.

CCPS(2006). *The Business Case for Process Safety.* Center for Chemical Process Safety of the American Institute of Chemical Engineers, New York.

CCPS(2007). *Guidelines for Risk Based Process Safety.* Center for Chemical Process Safety of the American Institute of Chemical Engineers, New York.

CCPS(2008). *Inherently Safer Chemical Processes: A Life Cycle Approach*, Second Edition. Center for Chemical Process Safety of the American Institute of Chemical Engineers, New York.

CCPS(2009). *Guidelines for Process Safety Metrics.* Center for Chemical Process Safety of the American Institute of Chemical Engineers, New York.

CCPS(2016). *Guidelines for Safe Automation of Chemical Processes*, 2nd Edition Center for Chemical Process Safety of the American Institute of Chemical Engineers, New York.

CIDB. *National Infrastructure Maintenance Strategy(NIMS).* Infrastructure Maintenance Budgeting Guideline.

Clean Harbors(2016). *Hazardous Waste Transportation and Disposal.*

DCT 245(2013). *Pavement Condition Surveys-Overview of Current Practices.* Delaware Center for Transportation.

DOD UFC 4-860-03(2008). *Railroad Track Maintenance & Safety Standards.* Unified Facilities Criteria, US Department of Defense.

Dräger(2007). *Functional Safety and Gas Detection Systems Safety Integrity Level-SIL.* Dräger Safety AG & Co. KgaA, Germany.

Ebert, I., and Ochsenkuhn, H. (2011). *Ageing Infrastructure.* MUNICH RE, Schadenspiegel.

EC JRC(2013). *Corrosion Related Accidents in Petroleum Refineries.* European Commission Joint Research Centre, Luxembourg.

EPA(2008). *Instrument Equipment Testing, Inspection and Maintenance.* Quality

Assurance Handbook, Vol. Ⅱ, Section 11.0.

Gage(2013). *Equipment Maintenance and Replacement-Decision Making Processes.* A Senior Project Submitted to the Faculty of California Polytechnic State University, San Luis Obispo.

Horrocks, P., Mansfield, D., Parker, K., Thompson, J., Atkinson, T., and Worsley, J. (2010). *Managing Ageing Plant, A Summary Guide.* Health and Safety Executive(HSE), United Kingdom.

Horrocks, P., Mansfield, D., Thompson, J., Parker, K., and Winter, P. (2010). *Plant Ageing Study-Phase* 1 *Report.* Health and Safety Executive(HSE), United Kingdom.

HSE(2006). *Plant Ageing, Management of Equipment Containing Hazardous Fluids or Pressure.* HSE Research Report RR509. Health and Safety Executive (HSE), United Kingdom.

HSE (2010). *Plant Ageing Study Phase* 1 *Report.* Health and Safety Executive Research Report RR823, Health and Safety Executive(HSE), United Kingdom.

HSE(2013). *E/C&I Plant Ageing: A Technical Guide for Specialists Managing Ageing E/C&I Plant.* Health and Safety Executive(HSE), United Kingdom.

IChemE (2013). *The Importance of Recognizing and Managing Ageing Plant.* Loss Prevention Bulletin 234, United Kingdom.

IEC 61511-1(2016). *IEC 61511-Functional Safety-Safety Instrumented Systems for the Process Industry Sector-Part* 1: *Framework, Definitions, System, Hardware and Application Programming Requirements.* International Electrotechnical Commission, Switzerland.

IEC 61511-2(2003). *IEC 61511-Functional Safety-Safety Instrumented Systems for the Process Industry Sector-Part* 2. International Electrotechnical Commission, Switzerland.

IEEE 400(2012). Guide for Field Testing and Evaluation of the Insulation of Shielded Power Cable Systems Rated 5 kV and Above. Institute of Electrical and Electronic Engineers.

IEEE P1185 (2010). Recommended Practice for Cable Installation in Generating Stations and Industrial Facilities. Institute of Electrical and Electronic Engineers.

INGAA (2012). Draft Work In Progress: Definition and Application of Fitness for Service to Gas Pipelines. INGAA Integrity Management Continuous Improvement

Work Group 4, Interstate Natural Gas Association of America.

Iseley, T. (1999) Development of a New Sewer Scanning technology, No - Dig America, May.

Kelly, B. (1998). Integrated Risk Management-A Participative Approach. Presentation to International Quality and Productivity Conference, Toronto, Ontario, September 28-30.

Kelly, B. (2004). Private Transcript. Risk Management Consultant.

Li, W., Vaahedi, E., and Choudhury, P. (2006). Power System Equipment Aging. IEEE Power and Energy Magazine, 4(3): 52-58.

Little, R. (2012). Managing the Risk of Aging infrastructure. International Risk Governance Council (IRGC), Public Sector Governance of Emerging Risks, November.

Megger(2006). A Stich in Time-The Complete Guide to Electrical Insulation Testing. www. megger. com.

Nimmo, W. and Hinds, G. (2003). Beginners Guide to Corrosion. National Physical Laboratory, Middlesex, United Kingdom.

NRC(2015). Regulation of Radioactive Materials. United State Nuclear Regulatory Commission.

NTSB(1989). Aloha Airlines Accident Report AAR/89/03. National Transportation Safety Board.

NY Times(1995). Collapse of Apartment Building in Harlem Kills 3. Richard Perez-Pena, The New York Times, March 22.

Pokluda, Jaroslav, and Andera(2010). Micromechanisms of Fracture and Fatigue. In a Multi-scale Context, Engineering Materials and Processes. Springer Science + Business Media, Berlin.

PSE&G(2015). PSE&G Receives Approval of $905 Million Program to Accelerate Replacement of Aging Gas Infrastructure. PSE&G Press Release, November.

Purdue University(2007). Sewer Scanner and Evaluation Technology(SSET). Division of Construction Engineering and Management.

Rodewald, J. (2014). Six Proven Environmental Cleanup Methods. Hazardous Waste Experts. http://www.hazardouswasteexperts.com/6-proven-environmental-cleanup-methods/

Sastry, V. P. (2015). Corrosion Under Insulation and Fire Proofing Materials. Seventh

Middle East NDT Conference & Exhibition, Bahrain, September.

SCE(2015). 2015 General Rate Case, Transmission and Distribution(T&D). Volume 4-Infrastructure Replacement Programs, Southern California Edison, SCE-03, Vol. 04.

Schneider(2012). Theoretical Review. APC by Schneider Electric.

SD DOT(1995). Rural Road Condition Survey Guide. SD95-16-G1, SD Department of Transportation, Office of Research.

SLC(2013). Audit and Inspection, Code 31F-Marine Oil Terminals, Section 3102F. California State Lands Commission(SLC), Div. 2.

Stephens, G., and Stickles, R. P. (1992). Prioritization of Safety Related Plant Modifications Using Cost-Risk Benefit Analysis. International Conference on Hazard Identification and Risk Analysis, Orlando.

TCEQ(2015). Radioactive-Waste Disposal: NORM Disposal. Texas Commission on Environmental Quality(TCEQ), December.

US Chemical Safety Board, CSB (2016). CSB Board Members Add Preventive Maintenance to Most Wanted Safety Improvement Program. http://www.csb.gov/csb-board-members-add-preventive-maintenance-to-most-wanted-safety-improvement-program/

US DHS(2010). Aging Infrastructure: Issues, Research, and Technology. Buildings and Infrastructure Protection Series, Homeland Security Science and Technology, December.

USCG(2004). Waterfront Facility Compliance Booklet USCG-5562A. Department of Homeland Security.

USCG(2014). Marine Safety Manual Volume Ⅱ: Materiel Inspection. COMDTINST 16000. 7B, US Coast Guard.

Vaisnys P., Contri P., Rieg C., Bieth M., (2006). Monitoring the Effectiveness of Maintenance Programs Through the Use of Performance Indicators. EUR 22602 EN Report Netherlands.

Wasileski, R. (2014). Retired & Dangerous Out-of-Service Equipment Hazards. American Society of Safety Engineers(ASSE).

Wenyuan, L., Vaahedi, E., and Choudhury P. (2006). Power System Equipment Aging. IEEE Power & Energy Magazine, May/June.

Whitepaper. (2013). The Impact of Aging Infrastructure in Process Manufacturing

Industries. The Economist, Intelligence Unit, Ltd.

Wintle, J., Moore, P., Henry, N., Smalley, S., and Amphlett, G. (2006). Plant Ageing, Management of Equipment Containing Hazardous Fluids or Pressure. HSE Research Report RR509. Health and Safety Executive (HSE), United Kingdom.

Wood, M. H., Vetere-Arellano, A. L., Van-Wijk, L. (2013). Corrosion Related Accidents in Petroleum Refineries. JRC Scientific and Policy Report, EUR 26331 EN, European Union.

附录　老化资产案例分析

案例分析 1：输气管道爆炸

附图 1 为一个旧设施呈现老化迹象的案例。

附图 1　一个旧设施呈现老化迹象的案例

2011 年 2 月的某一个晚上，宾夕法尼亚州阿伦敦一居民区发生爆炸和火灾，造成 5 人死亡，至少 12 人受伤。爆炸摧毁了 8 座房屋并损坏了附近 50 家工商企业，迫使 500 人撤离。

爆炸是由 20 世纪 20 年代安装的一个 12in（1in = 25.4mm）的低压煤气管道故障引起的，该管道由铸铁制成。虽然没有确定直接点火源，但后来得知，在 1974—1979 年期间发生四次断裂后，一个 1979 年的工单建议用 12in 的钢管替换原管线。管线从未更换过，工单也放错了位置好几年。

在随后的几年里，由于铸铁煤气总管破裂，阿伦敦发生了另外两起致命的煤气爆炸。又有数人受伤，财产损失严重。当地天然气公司单独要求更换总管。1979 年 9 月的一次燃气公司检查发现燃气总管有中度泄漏，但结论认为不会对公众造成直接危害。然而，该公司承认，随着时间的推移，这种泄漏可能会扩大。

燃气公司的维修策略自此受到了质疑。

案例分析 2：密西西比大桥倒塌

2007 年 8 月，明尼苏达州明尼阿波利斯市的一座八车道钢桁架桥在晚高峰期间倒塌，造成 13 人死亡，145 人受伤。这座桥是该州交通最繁忙的桥之一，始建于 1967 年，有 14 个桥段，横跨密西西比河近 2000ft（1ft = 0.3048m）。它有 8 条车道，没有明显的负荷或交通限制。该桥主要由钢桁架和桥面板组成。在早期规划阶段，重工业被迫从该地区靠近拟建的桥梁坡道撤离。后来发现了有毒废物和受污染的土壤，在施工开始之前需要进行大规模的清理工作。目前尚不清楚这项清理行动的效果如何。这一事实与最终坍塌之间的关系尚未确定，但仍受到许多权威的质疑。

1985 年 12 月，由于路面结冰，同一座桥上发生了严重的交通拥堵。车道表面光滑，且靠近瀑布，水滴散落到大气中，使问题更加复杂。后来，交通部开始尝试用氯化镁溶液和玉米加工的副产品来减少冰冻。最后，在 2000 年安装了一套温度触发的喷淋系统，将醋酸钾溶液喷到桥面上，以保持该区域不结冰。

关于大桥的状况，早在 1990 年，联邦政府的检查就发现了大桥存在严重的工程和腐蚀问题。人们注意到桥梁开裂和疲劳的问题，并宣布计划在 2020 年更换桥梁。在大桥倒塌之前，建议对大桥进行大修。这些计划都被取消了，改为进行定期安全检查。人们担心，任何修复工作都可能会进一步削弱桥梁结构。值得注意的是，在坍塌时，8 条车道中有 4 条被关闭以重新铺设路面，桥上有 57.5 万磅（261000kg）的建筑物资和设备。

官方调查报告称，这起悲剧是工程上的失败。简单地说，最初的设计没有考虑到桥梁所暴露在的荷载条件和环境。尽管如此，由于不加考虑地使用除冰盐而导致的老化也是一个重要的促成因素。

案例分析 3：建筑物基础沉降

结构基础的破坏会导致严重的后果，如结构的倒塌并造成相关人员伤亡。本案例研究并不针对任何事件。在发展中国家，由于下列因果机制造成的地基失效导致死亡事件屡屡发生。事实上，如果不监测和处理土壤状况，这样的事件在任何地方都有可能发生。

结构损坏的发生有多种原因，例如，建筑物的地基在最初挖掘时，底层土壤的准备不当。但最常见的情况是，由于支撑地基的土壤在膨胀后收缩导致的地基沉降。在持续干旱的时期，这种情况会更加频繁地发生。

虽然不同类型的土壤对极端湿度的反应不同，但美国中西部常见的黏土是膨胀土，也就是说，当水饱和时它会膨胀。这在那些没有保持排水沟清洁且将下水管道延伸到远离房屋的地方来进行外部水管理的家庭中尤其值得关注，这会导致潮湿时期地基周围和地基下的土壤膨胀。在长时间的干燥条件下，过度饱和的土壤会收缩，导致地基沉降，地基墙以及部分地上结构开裂和分离。

当地基沉降时，通常很容易判断。这种类型的结构基础损伤的早期迹象包括门窗卡塞和室内的墙体裂缝。更严重的损伤表现为外墙的大裂缝，甚至建筑的一部分与其他部分分离，这在增建房屋中尤其常见。沉降的地基只能通过托换来修复，即在地基下放置一个支撑墩，将其抬高到水平并使其稳定。支撑墩有几种类型，包括混凝土墩和螺旋墩，但首选的方法是使用液压驱动的钢墩，有时称为“增压”墩。

重要的是要知道这种修复的时机，因为损坏通常是渐进式的，开始时相对较小，随着地基下的土壤持续收缩，地基继续下降而恶化。好消息是，即使是严重受损的地基仍然可以得到加固，并恢复到原来的水平。然而，有时也有与受损的地基有关的坏消息。损坏越严重，需要修复的支撑墩就越多，从逻辑上讲，每安装一个支撑墩，修复的成本就会增加。如果及早发现并修复某个沉降的角落，可能只需要用四五个支撑墩。然而，如果一栋建筑的整个侧翼或很大一部分随着时间的推移而逐渐沉降，可能需要许多支撑墩，成本很高，修复效果也不确定。

案例分析 4：尾矿坝溃坝

1998 年 4 月，西班牙南部一座铅锌矿的尾矿坝溃坝，造成近 $500\times10^4m^3$ 的有毒泥浆和液体流入附近的河流。泥浆波覆盖了数千公顷的农田，造成了大面积的环境破坏。采矿于 20 世纪 80 年代末开始，建造土坝是为了容纳从矿石开采过程中产生的酸性废水浆。大坝建在富含碳酸盐的基岩上，大坝崩塌时的高度已达 25m。虽然大坝设计不当是主要原因，但调查表明，溃坝是由于酸性黄铁矿泥浆对形成坝基材料的岩石的化学侵蚀造成的。两年前的一份咨询报告指出，由于地基内的地面移动，大坝结构存在一个潜在的薄弱点，但没有采取任何行动。清理工作耗时 3 年。

这一严重事件表明，大坝等采矿结构由于重力和潜在的流体渗流而处于不断流动状态。需要进行大面积的监测，并承诺在需要时采取行动。

案例分析 5：Betelgeuse 号油轮的沉没

Betelgeuse 号油轮是 1968 年建造的第一代超级油轮，由道达尔公司运营。该油轮的额定装载量为 12.1×10^4t(DWT)，用于将中东原油运往西欧的炼油厂。然而，在 20 世纪 70 年代末，新一代更大的超级油轮服役，这威胁到 Betelgeuse 号的未来。因此，随着到达生命周期的末期，定期维修被削减或推迟。据报道，该船内外都遭受了严重的腐蚀，包括隔离各油舱的舱壁。

1978 年末，Betelgeuse 号被派往葡萄牙运送一批原油。由于物流问题，加上中欧的恶劣天气，这艘船被转移到爱尔兰西部的 Whiddy 深水码头。在前往码头的途中，这艘船受到了一些轻微的损坏，导致舱壁漏油(这可能是未来问题的警示信号)。于是，查明了泄漏的原因，并进行了临时修复。

在抵达 Whiddy 码头后，Betelgeuse 号停靠在一个混凝土码头上的装货架附近，距离一个大型陆上油库 1300ft(约 396m)。该码头早在十年前就已建成，但由于疏忽，其消防水系统已劣化，长期泄漏问题变得很普遍。为了降低操作成本，消防水系统只处于待机状态，仅在需要时才会启用。

石油卸载作业于 1979 年 1 月 8 日凌晨开始。采用了程控駁船以确保每个储油舱的油被均匀地输出，从而减少对老化船体的弯曲应力(如附图 2 所示，空舱的向上推力箭头和满舱的向下推力箭头)。因为在随后发生的事件中没有幸存者，所以无法确定当天是否相应地遵循了这一程序。在几乎没有任何警告的情况下，船体开始破裂，并听到巨大的噪声，随后上层甲板上起火。船员们开始弃船并到码头集合。由于没有可用的消防水，船员们焦急地等待着应急船只的救援。在紧急救援船到达之前，一系列剧烈的爆炸导致船体裂成两半。包括船员和救援人员在内的 50 人丧生。这一事件说明保持所有关键设施和基础设施处于可靠状态和就绪状态的重要性。

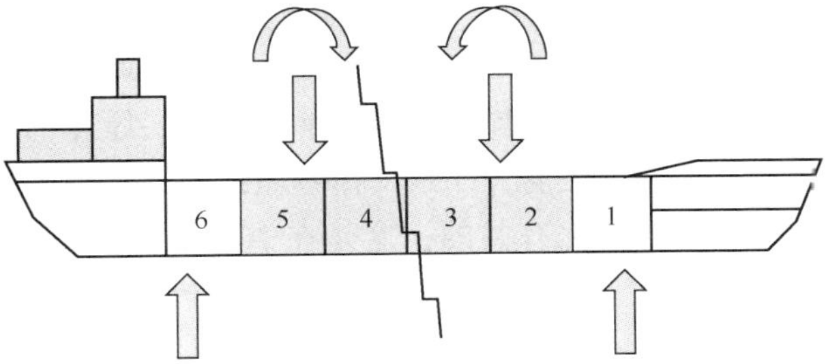

附图 2　显示不平衡浮力引起的弯矩示意图

案例分析 6：Alexander Kielland 钻井平台灾难

1980 年 3 月，一个大型石油钻井平台在北海倾覆，123 名工人死亡。Alexander Kielland 是 1976 年建造的半潜式钻井平台。在最初投入使用后，它被改造为挪威海岸 Ekofisk 油田工人的海上住房。在一个暴风雨的夜晚，一个大浪打在钻井平台上，导致其五个支撑腿中的一个断裂，船上共有 212 名工人。这导致大多数锚索断裂，在其他支腿上产生不平衡的应力。在接下来的 15min 内，几名工人通过救生艇或直接跳入下面冰冷的海水中成功逃生。当最后一根电缆断裂时，钻井平台倾覆，所有剩余的工人全部遇难。

经过大面积的打捞工作，部分残骸被拖回挪威进行分析。后来确定，失效的支腿上有一条疲劳裂纹，这在事故发生前就存在，但没有被检测到。裂纹的来源是一个小角焊缝，它将一个非承重法兰盘连接到主支撑上。质量差的角焊缝导致支撑腿的强度降低。焊接处的冷裂纹、法兰盘削弱导致的应力集中增加，以及周期性应力(暴露于北海的原因)，都是导致钻井平台最终坍塌的原因。导致这一悲剧的原因是不可避免的，因为没有适当的检验措施来识别裂缝这个因素。

案例分析 7：矿石加工厂顶板垮塌

位于西北部的一个大型矿石加工厂建于 20 世纪 70 年代末。由于操作涉及蒸汽和水，而且暴露在寒冷天气中，部分操作被封闭在一个大型建筑中。从远处看，这座建筑像一个飞机库。60ft(约 18.3m)高的屋顶由钢板构成，支撑在类似于大型仓库的开放式钢托梁上。在 20 年的时间里，建筑内的蒸汽和高湿度导致水在屋顶板的内表面凝结，导致托梁严重生锈。偶尔会有冷凝水和铁锈碎片掉落到下面的附件中，但这些现象被忽视了，因为它们被认为与工艺无关。

一个冬季的晚上，在一场大雪之后，屋顶的一大部分坍塌到了下面的地板上。造成大量设备损坏，但幸运的是，由于事故发生在夜间，没有人员受伤。正式调查显示，雪的循环融化和冻结导致屋顶上形成了一层厚厚的冰。屋顶的托梁已完全锈蚀。实际上，在坍塌之前，冰是支撑着屋顶的。这一事件可能会造成悲剧性的后果。失效当然是与老化有关的，这是在 20 年前的设计中没有考虑或解决的长期因素所导致的结果。此外，从地面上无法完全看到即将发生的失效，也没有任何一方直接负责检查屋顶。

索引

G

H

J

K

L

M

N

P

Q

R

S

T

W

X

Y

Z